Nicolas Massol

Le calorimètre électromagnétique à argon liquide du détecteur ATLAS

Nicolas Massol

Le calorimètre électromagnétique à argon liquide du détecteur ATLAS

Conception et mise au point de la procédure de qualification

Presses Académiques Francophones

Impressum / Mentions légales
Bibliografische Information der Deutschen Nationalbibliothek: Die Deutsche Nationalbibliothek verzeichnet diese Publikation in der Deutschen Nationalbibliografie; detaillierte bibliografische Daten sind im Internet über http://dnb.d-nb.de abrufbar. Alle in diesem Buch genannten Marken und Produktnamen unterliegen warenzeichen-, marken- oder patentrechtlichem Schutz bzw. sind Warenzeichen oder eingetragene Warenzeichen der jeweiligen Inhaber. Die Wiedergabe von Marken, Produktnamen, Gebrauchsnamen, Handelsnamen, Warenbezeichnungen u.s.w. in diesem Werk berechtigt auch ohne besondere Kennzeichnung nicht zu der Annahme, dass solche Namen im Sinne der Warenzeichen- und Markenschutzgesetzgebung als frei zu betrachten wären und daher von jedermann benutzt werden dürften.

Information bibliographique publiée par la Deutsche Nationalbibliothek: La Deutsche Nationalbibliothek inscrit cette publication à la Deutsche Nationalbibliografie; des données bibliographiques détaillées sont disponibles sur internet à l'adresse http://dnb.d-nb.de.
Toutes marques et noms de produits mentionnés dans ce livre demeurent sous la protection des marques, des marques déposées et des brevets, et sont des marques ou des marques déposées de leurs détenteurs respectifs. L'utilisation des marques, noms de produits, noms communs, noms commerciaux, descriptions de produits, etc, même sans qu'ils soient mentionnés de façon particulière dans ce livre ne signifie en aucune façon que ces noms peuvent être utilisés sans restriction à l'égard de la législation pour la protection des marques et des marques déposées et pourraient donc être utilisés par quiconque.

Coverbild / Photo de couverture: www.ingimage.com

Verlag / Editeur:
Presses Académiques Francophones
ist ein Imprint der / est une marque déposée de
AV Akademikerverlag GmbH & Co. KG
Heinrich-Böcking-Str. 6-8, 66121 Saarbrücken, Deutschland / Allemagne
Email: info@presses-academiques.com

Herstellung: siehe letzte Seite /
Impression: voir la dernière page
ISBN: 978-3-8381-7832-5

Table des matières

Table des figures

Liste des tableaux

Remerciements

Je tiens en premier lieu à remercier Yves Zolnierowski pour avoir dirigé mon travail de thèse et pour les nombreuses discussions intéressantes que nous avons partagées. J'adresse également mes remerciements à Paul Lecoq et à Bruno Mansoulié qui ont acceptés d'être rapporteurs, ainsi qu'à Jacques Colas, Christophe De La Taille et Louis Massonnet qui ont acceptés de juger mon travail de thèse.

Dans le monde de la physique des particules, la notion de collaboration est primordiale, et c'est bien dans cet esprit que j'ai été accueilli au sein du LAPP pendant ma thèse. Je remercie à cette occasion l'ancien directeur Michel Yvert et l'actuel directeur Jacques Colas de m'avoir permis d'accomplir ce travail dans leur laboratoire. Tout d'abord j'ai pu bénéficier de nombreux échanges fructueux avec les gens du groupe ATLAS du LAPP. C'est à leur contact que j'ai pu appréhender ce vaste domaine qu'est la physique des particules, et les démarches scientifiques inhérentes à la réalisation d'un grand projet comme ATLAS.

Mais en physique expérimentale, ces projets sont indissociables d'un support technique de haut niveau, et là encore, j'ai pu apprécier la qualité des équipes du LAPP dans les domaines de la mécanique, de l'informatique et de l'électronique. Le travail de thèse présenté ici est réellement inscrit dans ces différents domaines, et je tiens à remercier tout particulièrement Gérard Dromby pour avoir guidé mes premiers pas sur LabVIEW, ainsi que Jacques Boniface pour les nombreuses discussions sur la partie électronique du banc de tests. J'ai apprécié l'efficacité de Michel Alexeline pour résoudre avec humour et professionalisme les éternels problèmes liés à l'informatique. J'ai pu bénéficier de conseils éclairés de la part d'Andréa Jérémie sur *le bon usage de la langue anglaise*.

Une mention spéciale revient à mon parrain de promotion Henri Pessard qui a su me communiquer sa bonne humeur et son optimisme. De très bons souvenirs !

A l'extérieur du LAPP, l'opportunité d'avoir travaillé avec les gens de la collaboration m'a apporté un autre regard sur notre travail. J'ai eu notamment de fructueux échanges avec les collègues de Marseille, Michel Jevaud et Dominique Sauvage, et j'espère pouvoir collaborer encore avec eux à l'avenir.

C'est avec une grande joie que je remercie tous mes amis qui m'ont apporté leur soutien moral et leur bonne humeur à travers de multiples activités : Franck pour la spéléo, Pascalou pour les arts culinaires, Lorette pour l'art de la vigne, Guillaume pour les BBQ, Xavier G. pour les sketches, Serge pour ses conseils, Vincent pour toutes ses *Latex*-eries, Rémi pour les séances d'oursification, Xavier C. pour ses reprises à la guitare, Julie pour les *ATLAS Weekly Cakes*, Lionel pour son côté « expansif », Hisan pour les décollages, Benjamin pour ses *social events*, Mohamed pour les « oui, je veux bien ».

Merci à Laurence, ma femme, qui a su me faire confiance et respecter mes engagements durant ces années de thèse, tout en m'apportant son soutien. Un merci tout particulier à Mathieu, mon fils, qui m'a grandement éclairé sur la découverte du monde.

Merci enfin à tous ceux qui ont contribué à leur manière à faire de ce périple de trois ans une aventure passionnante.

Introduction

ATLAS (A Toroidal LHC ApparatuS) est l'un des deux détecteurs auprès du futur anneau de collisions du CERN, le LHC, qui a pour vocation de couvrir l'ensemble de la physique proton - proton à une énergie dans le centre de masse de 14 TeV. L'objectif principal de l'expérience est l'étude du mécanisme de brisure de la symétrie électrofaible et la recherche du boson de Higgs (Chapitre 1). Cette particule a été introduite dans les modèles utilisés en physique des particules pour donner une masse aux particules physiques. Le détecteur ATLAS est conçu pour mettre en évidence la particule de Higgs si elle existe. Mais l'étendue des possibilités de recherche avec ces grands instruments, détecteur et accélérateur, n'est pas limitée à cette recherche. ATLAS permet également la recherche de particules supersymétriques (théories d'unification des forces fondamentales, candidats à la matière noire), la recherche de sous-structure dans les quarks et/ou les leptons, ...

Le LHC est composé de deux anneaux de 27 km de long chacun, dans lesquels circulent en sens inverse des paquets de protons (Chapitre 2). Ces derniers entrent en collision en quatre points, en fournissant une énergie dans le centre de masse de 14 TeV. Le détecteur ATLAS est un ensemble de sous-détecteurs spécifiques entourant l'un des points de collision. Il doit être capable de sélectionner les événements rares, signal d'une nouvelle physique, d'identifier les particules, de mesurer leur énergie et leur quantité de mouvement avec une grande précision, et de reconstruire leur trajectoire. La masse totale du détecteur est de l'ordre de 7000 tonnes pour une longueur de 44 mètres et une hauteur de 20 mètres.

Le groupe ATLAS du LAPP a centré son activité sur la conception et la construction du calorimètre électromagnétique, un des sous-détecteurs, optimisé pour mesurer l'énergie des électrons et des photons (Chapitre 2). Ce calorimètre est un détecteur à échantillonnage composé d'un milieu absorbeur, des plaques de plomb, et d'un milieu détecteur, l'argon liquide. Les particules chargées de la gerbe créées dans le milieu absorbeur ionisent le liquide, et sous l'action d'un champ électrique, les électrons d'ionisation et les ions dérivent et induisent un courant électrique. La valeur maximale du courant est proportionnelle au nombre d'électrons d'ionisation. Les électrodes placées entre les absorbeurs distribuent la haute tension qui crée le champ électrique, et collectent les charges créées dans l'argon.

La partie tonneau du calorimètre est composée de deux parties de 16 modules chacune, chaque module comportant 3000 cellules. Le LAPP a la charge d'assembler huit modules, et de câbler et tester 16 modules à température ambiante et dans un bain d'argon liquide (Chapitre 3). Ces tests impliquent une série de tâches répétitives qu'il est nécessaire d'automatiser. Pour des raisons de temps et de qualité, j'ai développé un banc de tests pour établir une procédure de qualification des modules. D'une part, il est nécessaire pendant le montage d'effectuer des tests électrode par électrode pour déceler tout défaut éventuel. D'autre part, les tests après câblage du module permettent de mesurer la capacité de chaque cellule pour cartographier le calorimètre. C'est un test du câblage et de la chaîne électronique du module. Ce test offre en outre la possibilité de comparer les modules entre eux.

J'ai mis en œuvre ces différents tests sur un module prototype pour valider les méthodes, comme nous le verrons au chapitre 4). Les tests à froid (Chapitre 5) mettent en évidence la tenue en tension des électrodes dans l'argon liquide, la variation de la capacité des cellules entre la température ambiante et celle de l'argon liquide, et la stabilité des mesures dans le temps. J'ai confronté les tests « maison » à un test en faisceau pour mettre en évidence leur viabilité (Chapitres 5 et 6). Les résultats de l'ensemble des mesures sont stockés dans une base de données qui servira de référence pendant l'expérience. Ainsi, une fois les modules assemblés et testés, l'installation du calorimètre pourra s'effectuer dans la caverne d'ATLAS auprès de l'accélérateur LHC.

Chapitre 1

Les motivations

1.1 Introduction

Durant les 50 dernières années, l'étude des constituants élémentaires de la matière et de leurs interactions connaît un essor extraordinaire. Le travail tant théorique qu'expérimental a conduit à l'idée clé que les différentes forces régissant notre univers sont en réalité diverses manifestations du même phénomène. Ainsi, les physiciens ont bâti le modèle standard qui décrit les particules élémentaires et leurs couplages à trois des quatre forces de la nature : les forces électromagnétique, faible, et forte. La gravitation n'est pas incluse dans ce cadre. Ce formalisme décrit d'une manière remarquable l'ensemble des résultats expérimentaux disponibles aux énergies accessibles avec les accélérateurs.

Pour expliquer la masse des particules, le modèle prévoit l'existence d'un champ supplémentaire, appelé champ de Higgs. A une des composantes de ce champ est associé un boson, la particule de Higgs, qui n'a jamais été observée. La première motivation des expériences ATLAS et CMS au LHC est la mise en évidence de ce boson de Higgs.

1.2 Le modèle standard

Dans les années 30, la compréhension du monde subatomique semblait complète. La matière était composée d'atomes qui eux-mêmes étaient décrits par un noyau central autour duquel les électrons gravitent. Quant au noyau, on le savait constitué de protons et de neutrons, qui avec les électrons représentaient les briques « élémentaires » de la matière. Cependant, certaines questions restaient en suspens, comme par exemple la force de cohésion qui maintient les nucléons au sein du noyau. Le développement des accélérateurs

allait permettre de sonder la matière à une échelle subnucléaire et mettre en
évidence un nombre considérable de nouvelles particules.

1.2.1   D'une brique « élémentaire » à une autre

En 1964, l'idée de sous-structure pour toutes ces nouvelles particules
germe et un modèle théorique, le modèle des quarks, permet de les clas-
ser. Une représentation de l'échelle des différents constituants de la matière
est donnée sur la figure 1.1.

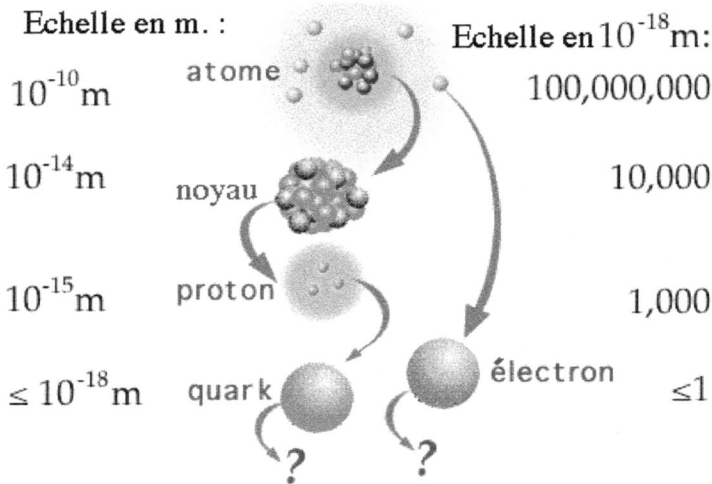

FIG. 1.1 – *Les constituants du monde d'aujourd'hui.*

Six quarks existent avec leur partenaire dans le monde de l'antimatière,
les antiquarks. Ils portent des charges électriques de 2/3 ou de -1/3, et ont
une masse très différente les uns des autres (voir le tableau 1.1, [1]). Les
quarks n'ont jamais été observés à l'état libre. On dit qu'ils sont confinés à
l'intérieur de particules composites appelées hadrons.

En plus des six quarks existants, il existe une autre famille de particules
regroupant les leptons, particules qui ne se couplent pas par interaction forte.
Il existe trois leptons chargés électriquement et trois leptons neutres, les
neutrinos, classés dans le tableau 1.2, [1].

Quarks	Charge	Masse (GeV/c^2)
up	+2/3	0,005
down	−1/3	0,01
charm	+2/3	1,5
strange	−1/3	0,2
top	+2/3	180
bottom	−1/3	4,7

TAB. 1.1 – *Charge et masse des six quarks.*

Leptons	Charge	Masse (GeV/c^2)
électron	−1	0,000511
muon	−1	0,106
tau	−1	1,7771
neutrino électron	0	$< 7,10^{-9}$
neutrino muon	0	$< 0,0003$
neutrino tau	0	$< 0,03$

TAB. 1.2 – *Charge et masse des six leptons.*

Dans la famille des quarks comme dans celle des leptons, les particules se regroupent en trois doublets en fonction des masses et des charges électriques. Les doublets regroupant les particules ayant les masses les plus faibles, c'est-à-dire les quarks up et down et les leptons électron et neutrino électronique, constituent la matière stable de l'univers. Les autres paires concernent des particules à courte durée de vie générées dans des processus de haute énergie.

1.2.2   Forces et Interactions

L'interaction de deux particules, dans une description perturbative du modèle standard, est décrite par un échange de particules virtuelles qui jouent le rôle de messager. A chaque type de force est associé un ou plusieurs messagers spécifiques nommés bosons (voir tableau 1.3). La portée d'une interaction est inversement proportionnelle à la masse de la particule échangée. Si la masse de ce messager est grande, son existence est éphémère, et la distance qu'il peut alors parcourir avant d'être réabsorbé est réduite. On parle de force à courte portée. Dans le cas d'un messager sans masse, la portée de l'interaction est infinie.

La force électromagnétique est véhiculée par le photon, particule de masse nulle. En conséquence, la portée de cette force est infinie. C'est la raison pour laquelle elle se manifeste à notre échelle. Son intensité diminue comme

Forces	Bosons		
	Messager	Charge	Masse (GeV/c^2)
Electromagnétique	photon	0	0
Forte	gluons	0	0
Faible	W^+	$+1$	80,2
	W^-	-1	80,2
	Z^0	0	91,2

TAB. 1.3 – *Type de force et messagers associés.*

l'inverse du carré de la distance, et cette force conduit à des effets attractifs ou répulsifs selon le signe des charges des objets en relation.

La force forte agit de manière plus complexe. Entre hadrons, comme au sein du noyau, sa portée reste limitée à environ 10^{-15} m. Les particules messagères sont les gluons, sans charge électrique ni masse, auxquels on a associé une nouvelle charge, la couleur. L'intensité de cette force est 100 fois plus grande que la force électromagnétique.

La force faible est responsable de la désintégration des particules massives telles que les quarks ou leptons lourds en quarks ou leptons plus légers. La matière stable, par conséquent, est composée uniquement d'électrons et des deux quarks les plus légers. Les vecteurs de la force faible sont nommés bosons intermédiaires W et Z, et contrairement aux précédents, ils sont massifs ($\sim$100 fois la masse du proton). La portée de la force faible est ainsi limitée à 10^{-17}m.

1.2.3   Le boson de Higgs

Une conséquence de la théorie électrofaible qui unifie les interactions faibles et électromagnétiques est l'existence d'un boson vecteur neutre, médiateur de la force faible (le boson Z^0) ainsi que des vecteurs chargés (bosons W^+ et W^-). D'après cette théorie, le Z^0 devait donner lieu à des réactions neutres faibles. Les premières interactions de type courants neutres faibles furent observées au CERN en 1973 [2]. Dix ans plus tard, les expériences UA1 et UA2 au CERN ont mis en évidence le boson Z^0 et les bosons $W^\pm$[3], [4]. La théorie électrofaible joue maintenant un rôle central dans la description des forces dans le modèle standard.

Cependant, comme mentionné au paragraphe précédent, le photon, messager de la force électromagnétique, a une masse nulle, alors que les bosons vecteurs de la force faible sont massifs. Le modèle unifiant les forces faibles et les forces électromagnétiques a été bâti en utilisant la notion de mécanisme de brisure spontanée de symétrie électrofaible. A très haute énergie, électromagnétisme et force faible ne font qu'un, et les bosons W, Z et γ sont de masse nulle. En théorie quantique des champs, les particules elles-mêmes sont représentées par des champs, c'est-à-dire une quantité définie en chaque point d'une région de l'espace et du temps. Ainsi dans la théorie électrofaible, on part de quatre champs ayant une portée infinie (bosons de masse nulle), l'un associé à une charge électrique positive, le second à une charge négative, les deux derniers étant neutres. En dessous d'un certain seuil, trois des quatre champs absorbent trois des composantes du champ de Higgs et sont identifiés aux bosons vecteurs massifs W et Z. Un champ reste inchangé et est identifié au photon de masse nulle. Ce mécanisme est appelé brisure spontanée de la symétrie électrofaible.

Dans le cadre du modèle standard, les masses des particules sont générées par couplage avec le champ de Higgs [5]. A ce jour, le boson de Higgs n'a pas été mis en évidence expérimentalement et n'est que pure spéculation théorique, bien qu'il soit un ingrédient fondamental du modèle standard. Le modèle ne donne aucune indication sur sa masse. Ceci explique les moyens mis en œuvre pour le traquer.

1.3   La chasse au boson de Higgs

La recherche expérimentale du boson de Higgs a commencé dès la formulation du modèle, et est très active sur les expériences auprès du collisionneur e^+e^- (LEP) au CERN et auprès du collisionneur hadronique au Tevatron. Le collisionneur de hadrons (LHC) au CERN prendra le relais à partir de 2005. Le modèle standard prévoit que le boson de Higgs se couple préférentiellement aux particules lourdes. Le processus dominant de production de bosons de Higgs se fait par la fusion de deux gluons via des boucles de quarks top, avec une section efficace 10^9 fois plus faible que la section efficace proton-proton.

1.3.1   Les modes de désintégration

Les différents modes de désintégration du boson de Higgs sont présentés ci-dessous avec leur diagramme associé [6] :

- le canal fermionique (voir figure 1.2) concerne préférentiellement les fermions les plus lourds. Soit le boson de Higgs se couple au quark t si sa masse est suffisamment élevée ($m_H > 2m_t$), soit il se couple au quark b.
- le boson de Higgs léger peut se désintégrer en deux photons (voir figure 1.3), mais le rapport d'embranchement de ce canal est environ 1000

fois plus faible que le canal précédent. Ce mode est néanmoins essentiel
pour mettre en évidence un Higgs léger (<130 GeV) au LHC.

– il peut également se désintégrer en deux gluons (voir figure 1.4).

– enfin, le canal de désintégration en deux bosons intermédiaires WW
ou ZZ (voir figure 1.5) est dominant dans le cas d'un Higgs de grande
masse (au delà de 140 GeV).

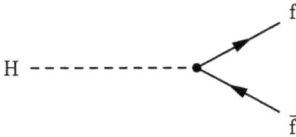

FIG. 1.2 – *Mode fermionique*   FIG. 1.3 – *Mode photonique*

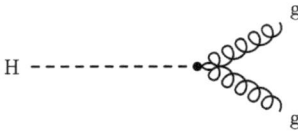

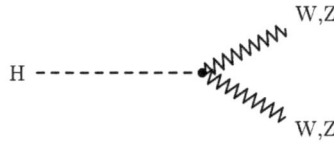

FIG. 1.4 – *Mode gluonique*   FIG. 1.5 – *Mode bosonique faible*

La largeur de la résonance est fonction de la masse du boson de Higgs. Elle
est inférieure à 1 GeV pour un Higgs de masse inférieure à 200 GeV, et
devient supérieure à 100 GeV pour une masse supérieure à 560 GeV. En
conséquence, la résolution expérimentale sera déterminante pour un Higgs
de masse inférieure à 200 GeV.

1.3.2   Etat actuel et perspectives dans la quête du Higgs

Avec le collisionneur LEP, le canal favorisé est la désintégration du boson
de Higgs dans le mode fermionique $b\bar{b}$. La limite inférieure actuelle sur sa
masse vaut 102,6 GeV [7]. Un Higgs sera difficilement détectable avec ce type
de collisionneur sachant que nous sommes à la limite des performances de la
machine. Dans un tel contexte, et sachant que les arguments théoriques fixent
une limite supérieure sur la masse du Higgs autour du TeV, la nécessité d'un
collisionneur de plusieurs TeV, comme le futur LHC, s'est imposé pour couvrir
tout le domaine de masse possible. Nous allons voir maintenant comment
s'effectuera la recherche du Higgs auprès du LHC.

D'après la figure 1.6 (voir [8]), on constate que le mode de désintégration du Higgs dépend de sa masse. Si la masse du Higgs est comprise entre 80 et 140 GeV, son mode préférentiel de désintégration est le canal $b\bar{b}$. Le problème principal de ce canal est d'extraire un signal du bruit de fond de production hadronique de $b\bar{b}$. A cette énergie, la section efficace de production de $b\bar{b}$ est 10^6 fois plus élevée que celle du Higgs. Tout en ne négligeant pas le canal précédent, on recherchera la désintégration du Higgs en deux photons malgré sa très faible largeur dans ce mode. Il faut mesurer l'énergie de chaque photon avec une précision meilleure que le pourcent, avoir une très bonne résolution angulaire et une réjection importante des particules simulant des photons. Ceci permet de réduire une partie du bruit de fond et ainsi faciliter l'extraction du signal.

Si la masse du Higgs est comprise entre 130 et 800 GeV, on recherchera les désintégrations en quatre leptons chargés (e et μ) via une paire de bosons faibles. C'est le canal privilégié sur un grand domaine de masse.

1.4 Conclusion

Nous venons de voir que la physique auprès du LHC avec notamment la recherche du boson de Higgs met en œuvre des canaux de découverte qui impliquent fortement le calorimètre électromagnétique. En effet, dans le domaine de masse compris entre 80 GeV et 800 GeV, les désintégrations du boson de Higgs recherchées mettent en jeu des électrons ou des photons. La reconstruction de ces désintégrations est fondée sur l'information fournie par le calorimètre électromagnétique. En outre, le LHC permet d'étudier la physique des saveurs lourdes et de rechercher les particules supersymétriques. Comme pour la recherche du boson de Higgs, ces études dépendent fortement de la qualité du calorimètreélectromagnétique.

Pour minimiser la largeur expérimentale, les mesures fournies par le calorimètre devront avoir des incertitudes les plus petites possibles. Le rôle crucial joué par le calorimètre exige des performances qui seront développées dans le chapitre suivant.

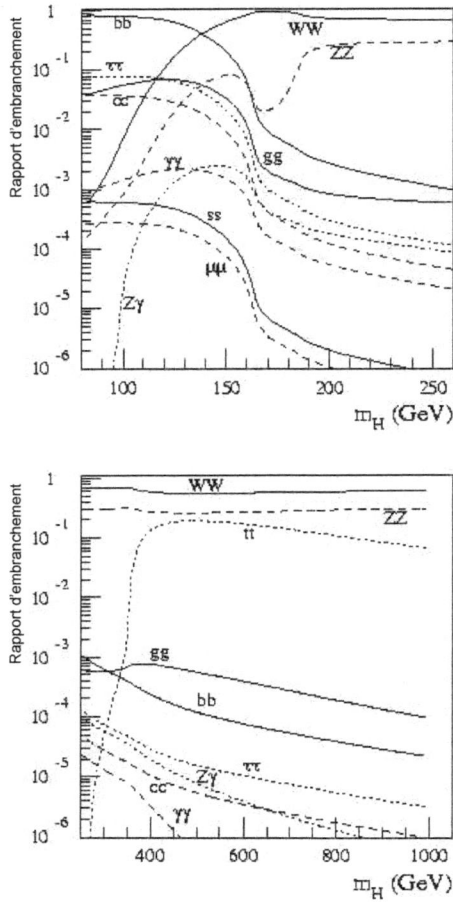

FIG. 1.6 – *Rapport d'embranchement du Higgs pour ses différents canaux de désintégration.*

Chapitre 2

L'expérience ATLAS

L'enjeu principal de l'expérience ATLAS auprès du LHC est d'être capable de mettre en évidence la particule de Higgs, ultime grand test du Modèle Standard. D'après le chapitre précédent, l'expérience ATLAS doit rechercher cette particule dans tout le domaine de masse compris entre 90 GeV et 1 TeV, en explorant ses divers modes de désintégration. Expérimentalement, cette recherche se traduit par des mesures d'énergie et de position des différents produits de désintégration, et à leur identification. Les canaux de désintégration du Higgs étudiés sont sujets à un bruit de fond important, mais sans structure particulière en masse. A partir de ces mesures, on reconstruit la masse des produits de désintégration d'un boson de Higgs, et on recherche la résonance dans la distribution, signature d'un boson de Higgs. Plus cette résonance est étroite (voir chapitre précédent pour un Higgs de faible masse), et plus il sera facile de l'extraire du bruit de fond, mais plus les incertitudes expérimentales de mesure devront être réduites. Un cahier des charges extrêmement sévère pour la construction du détecteur est ainsi imposé par la physique.

2.1 Le LHC

2.1.1 Description générale

Le LHC (Large Hadron Collider [9]) est un collisionneur proton-proton avec une énergie de collision dans le centre de masse de 14 TeV. Il sera construit dans l'actuel tunnel du LEP (Large Electron Positron) au CERN à Genève en utilisant la même chaîne d'accélérateurs servant à la production et à la pré-accélération des protons (LINAC, booster, PS, SPS) comme le montre la figure 2.1. Ces derniers, regroupés par paquets, arrivent dans le

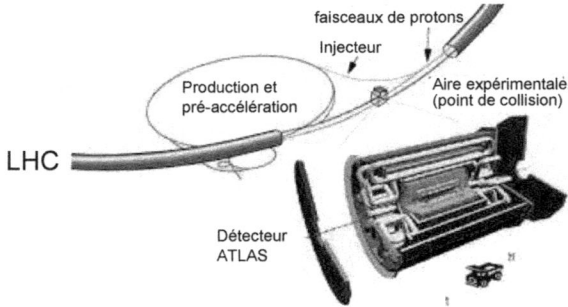

FIG. 2.1 – *Chaîne d'injection des protons et point de collision sur l'anneau.*

grand anneau de 27 kilomètres à une énergie de 450 GeV et sont accélérés dans le LHC pour atteindre une énergie de 7 TeV par proton. Deux faisceaux circulent en sens inverse, chacun dans un tube à vide, et leur trajectoire est maintenue sur une orbite quasi circulaire grâce à 1296 dipôles supraconducteurs. Le système original développé pour réduire le coût et l'encombrement consiste à assembler les aimants des deux faisceaux dans un cryostat et une culasse magnétique uniques (voir figure 2.2). Les dipôles, de plus de

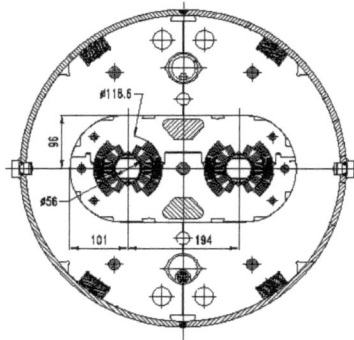

FIG. 2.2 – *Coupe transversale de l'aimant « 2 en 1 ».*

14 mètres, fournissent un champ magnétique de 8,4 tesla. Pour obtenir ces performances, le choix de l'hélium superfluide (température de 1,9 K) a été retenu. Le LHC sera la plus grande installation jamais construite utilisant de l'hélium superfluide.

Les quatre expériences effectuées auprès du LHC (voir figure 2.3) sont réparties sur quatre des huit sections droites de la machine. Au niveau des zones expérimentales, les deux faisceaux sont regroupés dans une même enceinte à vide et focalisés sur le point d'interaction.

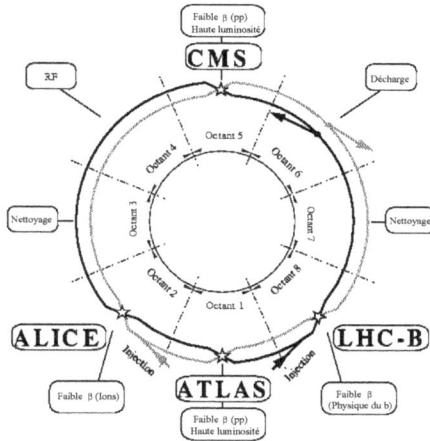

FIG. 2.3 – *Les expériences au LHC.*

Deux des quatre expériences, ATLAS et CMS, couvrent l'ensemble de la physique proton-proton ; les deux autres sont des expériences dédiées, LHC-B à la physique de la beauté, et ALICE à la physique des ions lourds.

2.1.2 Caractéristiques de fonctionnement

Le LHC, fonctionnera pendant les premières années dans le mode fondamental proton-proton. Les collisions des paquets de protons auront lieu toutes les 25 ns, à basse luminosité ($\mathcal{L}_0/10$) pendant 3 ans et ultérieurement à haute luminosité ($\mathcal{L}_0 = 10^{34}$ cm^{-2}s^{-1}). Un paquet, de quelques centimètres de long sur quelques microns de large, de forme oblongue, contient $1,05.10^{11}$

protons. 2835 paquets distants d'environ 7,5 mètres voyagent dans le collisionneur. Le nombre moyen N d'interactions par croisement de paquets de
protons est donné par :

$$N = \sigma_{in} \times \mathcal{L} \times \Delta T$$

où σ_{in} est la section efficace inélastique observée, de l'ordre de 70 mb, et ΔT
le rapport entre la durée d'une rotation d'un paquet de protons dans l'anneau
(88924 ns) et le nombre de paquets de protons dans cet anneau. On calcule
$\Delta T = 31$ ns. Avec ces caractéristiques, on attend une vingtaine d'interactions
en moyenne à chaque croisement pour le mode haute luminosité. Le nombre
élevé de collisions par croisement et la fréquence des croisements imposent
aux concepteurs de développer des détecteurs rapides et un système de déclenchement très efficace sur les événements rares. Il est impératif de tenir
compte de l'empilement d'événements provenant de différents croisements,
lors de la conception de l'électronique car le temps de réponse des détecteurs
est plus long que les 25 ns séparant deux croisements.

Les possibilités du LHC ne se limitent pas aux collisions proton-proton. La
grande polyvalence de cet anneau de collisions lui permettront de transporter
des faisceaux d'ions plomb avec une luminosité s'élevant à 10^{27} cm^{-2}s^{-1} et
une énergie dans le centre de masse de 1312 TeV. Ce sera le successeur du
SPS et du RHIC à Brookhaven dans les expériences sur les plasmas de quarks
et de gluons.

2.2   Le détecteur ATLAS

2.2.1   Description générale

ATLAS (A Toroidal LHC ApparatuS), est un des quatre détecteurs qui
sera installé auprès du LHC. Il a la forme d'un cylindre d'environ 44 mètres
de long et de 20 mètres de diamètre, centré sur l'axe des faisceaux du LHC
et autour du point d'interaction. Une vue éclatée de cet ensemble est donnée
sur la figure 2.4. Ce détecteur de 7000 tonnes est un ensemble composé de
trois grands groupes de sous-détecteurs dédiés et de deux grands aimants.
En partant du point de collision situé au centre du détecteur, on trouve
successivement le détecteur interne avec un aimant solénoïdal, le calorimètre
électromagnétique, le calorimètre hadronique, et le spectromètre à muons
avec un système d'aimants à champ toroïdal. Cet ensemble permet de mesurer
l'énergie et la quantité de mouvement des particules et de les identifier.

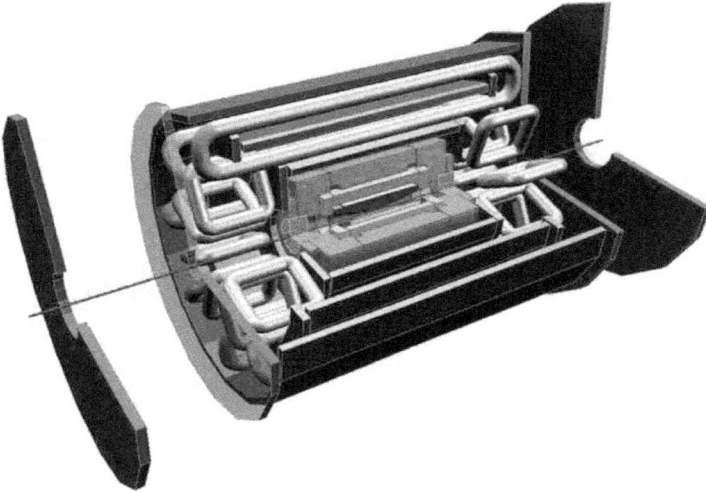

FIG. 2.4 – *Le détecteur ATLAS.*

2.2.2 Le détecteur interne

Objectif

Son rôle est de déterminer avec grande précision la trajectoire des particules chargées pour reconstruire le point de collision et identifier les électrons.
Il est constitué de trois systèmes de détection différents (voir [10] et [11]), tous
plongés dans un champ magnétique parallèle à l'axe du faisceau. Il couvre le
domaine de pseudo-rapidité[1] $|\eta| < 2,5$ dédié aux mesures de précision.

Géométrie du détecteur

Les produits de collision émis à petite rapidité sont détectés dans la partie
appelée tonneau, un arrangement de cylindres concentriques autour de l'axe
du faisceau, tandis que les particules à grand η sont détectées par les bouchons
placés de part et d'autre du tonneau. Un bouchon est constitué d'un disque
placé perpendiculairement par rapport au faisceau et centré sur celui-ci. Le

---

1. La pseudo-rapidité, donnée par la formule $\eta = -\ln \tan \theta/2$ avec θ l'angle formé par
la direction d'une particule donnée et l'axe du faisceau, sera appelée par la suite rapidité.

détecteur se découpe en petits pavés rectangulaires qui détectent le passage d'une particule.

Sur la partie tonneau, ces bandes sont disposées le long du cylindre dans le sens de la longueur. Ceci confère au détecteur une grande granularité dans le plan perpendiculaire à l'axe du faisceau pour mesurer la déviation des particules dans le champ magnétique. En disposant plusieurs couches concentriques, on peut ainsi suivre la trace d'une particule (voir figure 2.5). Sur la partie bouchon, les éléments rectangulaires sont placés le long des rayons.

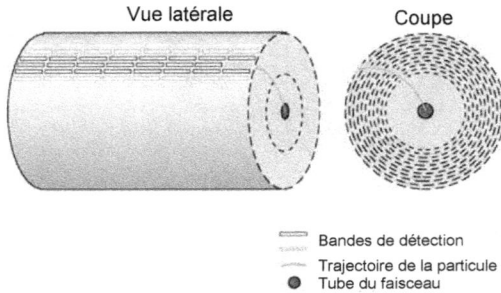

Fig. 2.5 – *Géométrie et principe du détecteur interne.*

Constituants (voir figure 2.6)

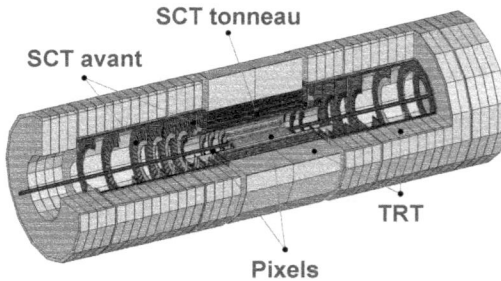

Fig. 2.6 – *Les différents constituants du détecteur interne.*

Aimant solenoïdal En mesurant la déviation subie par une particule chargée dans le champ magnétique, on détermine sa quantité de mouvement et son signe. Cet aimant [12] est composé d'une grande bobine cylindrique pour créer à l'intérieur de la bobine un champ uniforme de 2 T, parallèle à l'axe du faisceau. Cet aimant supraconducteur est installé devant le calorimètre électromagnétique tonneau dans le cryostat du calorimètre.

Détecteur à pastilles [2] Ce détecteur utilise la technologie du silicium. C'est la partie la plus proche du point de collision. Les dommages dus aux radiations créent une augmentation de la tension de déplétion, nécessitant l'augmentation de la tension de fonctionnement pouvant aller jusqu'au claquage. L'utilisation d'un détecteur avec une déplétion partielle a motivé le choix d'un substrat de silicium de type n dopé n. Celui-ci est divisé en rectangles élémentaires, les pastilles, de 50×300 microns. 140 millions de pastilles sont disposées à la fois cylindriquement et sur des couronnes selon la géométrie choisie. Chaque fois qu'une particule traverse une couche de silicium, un signal est produit dans la pastille touchée, donnant ainsi sa position.

Détecteur à micro-pistes [3] La partie suivante est composée de plusieurs couches de silicium découpées en micro-pistes de 80 microns de large et plusieurs centimètres de long. Le principe de détection est identique au détecteur à pastilles, mais avec une précision réduite dans le sens de la longueur. C'est bien entendu le coût de l'électronique de ce type de détecteurs qui conditionne le choix d'une technologie à pistes ou à pastilles. Avec ces deux détecteurs au silicium, couvrant un rayon de 50 cm, on obtient une dizaine de points de mesure ayant une précision de 10-20 microns.

Détecteur à radiation de transition [4] La collaboration ATLAS a complété le détecteur basé sur le silicium donnant quelques points de grande précision, par un détecteur constitué de tubes à dérive fournissant jusqu'à 36 mesures de position. On obtient une reconstruction « visuelle » de la trace d'une particule. La couverture en profondeur de ce détecteur va de 50 à 100 cm, et la précision attendue sur une trace est de 150 microns. Le principe est d'appliquer une grande différence de potentiel entre un fil placé au centre de chaque tube et la paroi de celui-ci. Le passage d'une particule à travers le gaz contenu dans le tube provoque une décharge. La précision de mesure est obtenue en utilisant une élec-

---

2. Pixels en anglais.
3. SCT, Semi-Conductor Tracker.
4. TRT, Transition Radiation Tracker.

tronique qui détermine à quelle distance du fil la particule est passée. Il permet également de distinguer les électrons des autres particules chargées grâce au rayonnement de transition.

2.2.3   Le calorimètre électromagnétique

Ce détecteur [13] est chargé de mesurer l'énergie des électrons et des photons. Il est très segmenté pour pouvoir déterminer la direction des photons et séparer un photon isolé de ceux provenant d'un π_0. Il est composé de deux demi-tonneaux cylindriques centrés sur l'axe du faisceau, et de deux bouchons en forme de roue de part et d'autre du tonneau. Une vue d'ensemble des deux parties est donnée sur la figure 2.7.

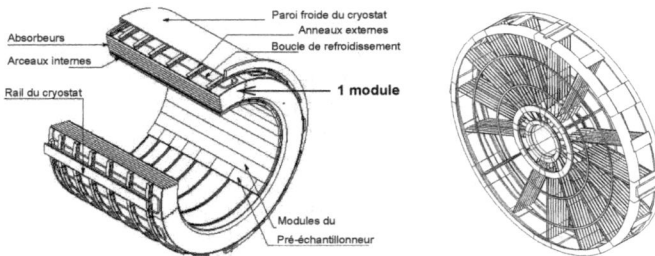

FIG. 2.7 – *Le calorimètre électromagnétique d'ATLAS : tonneau et bouchon.*

Devant les parties tonneau et bouchon vient s'ajouter un pré-échantillonneur dont le rôle est d'estimer l'énergie perdue dans la matière entre le point d'interaction et le détecteur, pour corriger l'énergie mesurée par le calorimètre. En effet, il existe une quantité de matière morte importante avant d'atteindre le milieu actif, due essentiellement aux parois du cryostat et au solénoïde. Une description détaillée du détecteur sera faite dans la section 2.3 étant donné qu'elle sera le support de tout le travail décrit dans les chapitres suivants.

2.2.4   Le calorimètre hadronique

Objectifs

Ce détecteur détermine l'énergie et la direction des jets et des hadrons isolés. Les hadrons, en interagissant avec la matière, produisent une gerbe de particules. On mesure l'énergie déposée par ces particules. Le deuxième rôle est de mesurer l'énergie transverse manquante pour mettre en évidence toute particule n'interagissant pas avec la matière comme les neutrinos. Pour cette mesure, il est nécessaire d'avoir un calorimètre le plus hermétique possible.

Géométrie et principe

Ce détecteur [14] vient entourer le calorimètre électromagnétique. Une vue d'ensemble de la calorimétrie est donnée sur la figure 2.8. Ce calorimètre

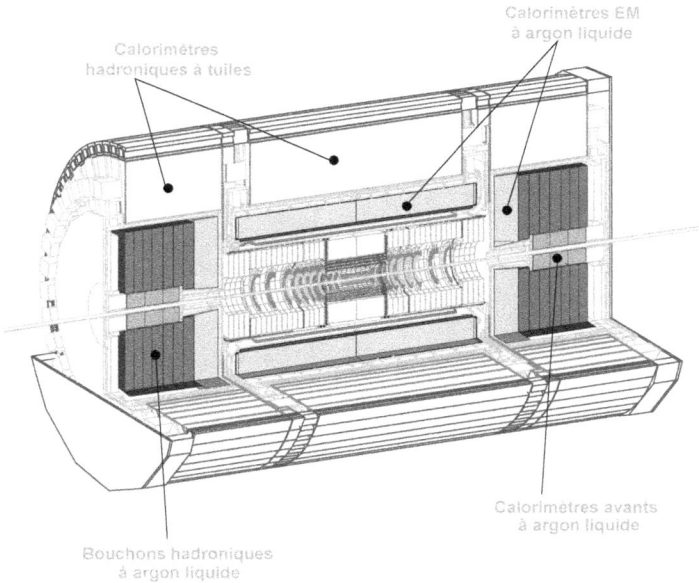

FIG. 2.8 – *Vue d'ensemble des calorimètres d'ATLAS.*

est un sandwich de plaques de fer et de scintillateur pour la partie à $|\eta| < 1,6$, et un détecteur cuivre - argon liquide pour le domaine $1,5 < |\eta| < 3,2$. Quand un hadron interagit, il cède une partie de son énergie pour produire des nouveaux hadrons, le reste étant transféré sous forme d'excitation au noyau cible. Les nouveaux hadrons vont à leur tour produire des hadrons secondaires jusqu'à disparition de toute l'énergie initiale. Ce phénomène de cascade est à l'origine de la gerbe hadronique. Celle-ci se développe sur plusieurs dizaines de centimètres. Entre chaque plaque, les particules sont détectées à la traversée du milieu détecteur. Le signal total est proportionnel à l'énergie incidente. La gerbe démarre le plus souvent dans le calorimètre électromagnétique, et il faut sommer les signaux venant des deux calorimètres pour reconstruire l'énergie d'origine hadronique. Les algorithmes de reconstruction seront développés après analyse de données faisceau test où les deux détecteurs seront exposés simultanément à des faisceaux de hadrons.

Constituants

Le calorimètre hadronique à tuiles Le milieu détecteur est composé de tuiles scintillantes de 3 mm d'épaisseur. Le scintillateur plastique, à la traversée d'une particule chargée, émet de la lumière visible. Celle-ci est capturée à la périphérie des tuiles par de petites fibres plastiques, puis amplifiée par un photomultiplicateur. Le regroupement des tuiles de scintillateur en pavé permet d'obtenir la direction des gerbes hadroniques.

Le bouchon hadronique Placé à plus grande rapidité que le tonneau, il est soumis en conséquence à un flux de particules bien plus intense. Les tuiles scintillantes n'ayant pas une stabilité suffisante aux radiations, cette partie de l'angle solide est couverte par un calorimètre utilisant la technique de l'argon liquide.

2.2.5   Le calorimètre avant

Pour avoir une bonne résolution sur l'énergie transverse manquante, il est fondamental de compléter la couverture calorimétrique à grande rapidité $(3,1 < |\eta| < 4,9)$. La difficulté réside dans le fait que ce détecteur est placé dans l'environnement le plus hostile vis-à-vis des radiations. Le milieu détecteur est l'argon liquide, et le milieu absorbeur est une matrice de tungstène percée de tubes de 5 mm de diamètre. Des tiges métalliques de 4,5 mm de diamètre sont centrées à l'intérieur, et l'argon liquide rempli l'espace restant (voir la figure 2.9). En appliquant une différence de potentiel entre les tiges et les tubes, on produit un champ électrique nécessaire à la dérive des électrons dans l'argon.

2.2.6   Les aimants toroïdaux

Ces aimants supraconducteurs sont associés au détecteur à muons [15], [16]. Le tore est approximé par huit bobines supra, placées à 45° les unes

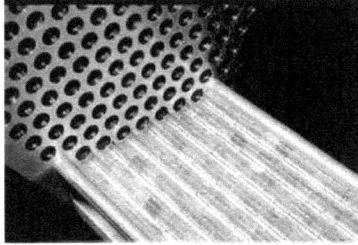

FIG. 2.9 – *Insertion de tiges dans la matrice de tungstène.*

des autres. Le courant intense circulant dans les bobines génère un champ magnétique quasi toroïdal entourant la partie interne du détecteur. Ce champ dévie les particules dans un plan contenant l'axe des faisceaux.

2.2.7   Le spectromètre à muons

Objectif

Ce sont les muons qui atteignent ce détecteur le plus éloigné du point d'interaction. Le spectromètre est constitué de trois groupes de chambres à dérive [17], l'une placée derrière le calorimètre hadronique, la deuxième au milieu des bobines servant à générer le champ magnétique, et la dernière à l'extérieur. La disposition des chambres est donnée sur la figure 2.10. On peut ainsi reconstruire la trajectoire des muons et mesurer leur quantité de mouvement.

Geométrie et principe

Les muons, chargés électriquement, interagissent avec le champ électrique des noyaux des atomes de la matière traversée. En revanche, 200 fois plus massifs que les électrons, ils subissent le phénomène de diffusion multiple. Ils peuvent être accompagnés de gerbes électromagnétiques. Leur détection est primordiale dans la recherche du Higgs en quatre leptons.

Pour les mesures de précision sur les muons, à $|\eta| < 1$, on utilise des tubes à dérive métalliques de 3 cm de diamètre remplis de gaz. Un fil centré à l'intérieur et porté à la haute tension génère le champ électrique. Les muons en traversant ces tubes ionisent le gaz, et les électrons d'ionisation, après dérive, provoquent une avalanche électrique au voisinage du fil. A partir de la

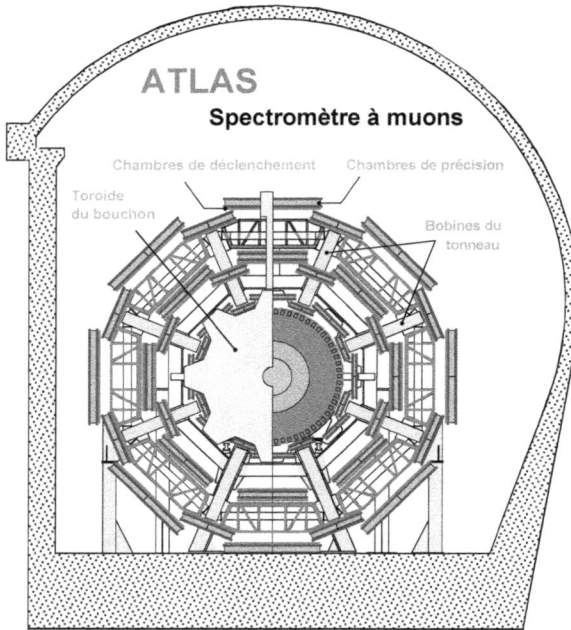

FIG. 2.10 – *Les trois couches de chambres à muons.*

mesure du temps de dérive, on reconstruit la distance de dérive. La précision sur la position de la particule est de 0,1 mm. Ce système n'est pas utilisable pour les muons émis vers l'avant à cause du taux de comptage trop important. On utilise dans la région $1 < |\eta| < 2,7$ des chambres proportionnelles. Elles sont constituées de fils pour l'anode et de bandes placées perpendiculairement pour la cathode, et offrent une précision spatiale de l'ordre de 50 microns.

Deux autres technologies sont utilisées pour les chambres, plus rapides, servant au déclenchement. Un détecteur à plaques parallèles est utilisé à petite rapidité, tandis qu'à grande rapidité, un système de chambres constituées de fils entre deux plaques est mis en œuvre.

2.3 Le calorimètre électromagnétique

2.3.1 Les contraintes liées à la physique

Le calorimètre électromagnétique joue un rôle essentiel pour l'étude de la physique abordée au LHC, étant donné que sa résolution intrinsèque augmente avec l'énergie. C'est un détecteur très adapté aux collisionneurs de haute énergie.

Il doit mesurer l'énergie et la position des électrons et des photons produits dans les désintégrations du boson de Higgs dans ses deux principaux canaux de désintégration ($H \rightarrow \gamma\gamma$ et $H \rightarrow 4l$).

Ceci implique que le calorimètre possède :

une excellente résolution en énergie. On souhaite atteindre une résolution sur la masse du Higgs d'environ 1% sur le domaine de masse compris entre 90 et 180 GeV/c^2.

une grande dynamique. On doit pouvoir mesurer des dépôts d'énergie allant de 50 MeV (bruit électronique d'une voie) à 3 TeV (énergie maximale déposée par un électron produit par désintégration d'un boson lourd Z').

une bonne herméticité. Une couverture angulaire la plus grande possible est indispensable pour observer les événements rares et avoir une bonne mesure de l'énergie manquante.

une grande profondeur. Pour minimiser les fuites des gerbes électromagnétiques de haute énergie, une profondeur comprise entre 24 et 26 longueurs de radiation (X_o) est nécessaire.

une réponse rapide. Etant donné la fréquence des collisions (40 MHz) et la grande luminosité (10^{34} cm^{-2}s^{-1}) du collisionneur, le bruit d'empilement est important. Pour le minimiser, un détecteur à réponse rapide, inférieure à 50 ns, et une électronique rapide sont nécessaires.

une fine granularité. La mesure précise de position ainsi qu'un bruit d'empilement faible sont autant de critères pour imposer une fine granularité au calorimètre ($\Delta\eta \times \Delta\Phi = 0{,}03 \times 0{,}03$ pour $|\eta| < 2{,}5$). Trois compartiments en profondeur sont nécessaires à l'identification de particules.

une bonne tenue aux radiations. Le calorimètre sera soumis à un flux de neutrons intense (10^{15} n/cm^2) pendant une dizaine d'années.

2.3.2   La réponse apportée

Choix du calorimètre

La collaboration ATLAS a retenu la solution d'un calorimètre à échantillonnage utilisant comme milieu absorbeur le plomb et comme milieu détecteur l'argon liquide. Ce détecteur est basé sur le principe d'une chambre d'ionisation. Les absorbeurs représentent le milieu de production de la gerbe tandis que l'argon liquide permet une mesure de l'énergie. La gerbe produite dans le calorimètre est ainsi découpée en morceaux. L'essentiel de l'énergie est déposée dans le plomb. Ce matériau, avec une longueur de radiation [5] de 0,56 cm, permet de concevoir un détecteur compact. De plus, le plomb possède une énergie critique faible (6,9 MeV) par rapport aux autres matériaux couramment employés dans les calorimètres. Pour le milieu détecteur, le meilleur choix en terme de performance est un milieu :

– nécessitant une énergie la plus faible possible pour produire un électron d'ionisation ;

– ayant une réactivité chimique nulle ;

– devant être d'une grande pureté pour éviter le phénomène de recombinaison ;

– bénéficiant d'une bonne tenue aux radiations.

C'est pourquoi le choix d'un liquide noble possédant un nombre atomique Z élevé s'impose. Grâce à la saturation de ses couches électroniques, un liquide noble permet la dérive des électrons d'ionisation sans risque de capture et possède une grande stabilité vis-à-vis des radiations. Pour avoir une longueur de radiation et une énergie d'ionisation faibles, nous devons choisir un milieu de grand Z. Dans l'ordre des Z décroissants, le xénon ne peut convenir pour des raisons de rareté et de coût. Vient ensuite le krypton et l'argon qui ont été en concurrence pendant longtemps. Le krypton liquide, comparé à l'argon liquide, améliore le terme d'échantillonnage d'environ 30% et le terme de bruit par un facteur 1,6 dans la résolution en énergie (voir la formule (2.2) et la référence [18, p 13]). De plus, il possède une longueur de radiation de 4,8 cm à comparer à 14 cm pour l'argon. Néanmoins, ce liquide plus exigeant en terme de pureté et de tolérances mécaniques conduit à un détecteur beaucoup trop cher pour le gain apporté en résolution sur l'énergie. Ces raisons ont conduit la collaboration à choisir l'argon liquide comme milieu détecteur.

---

5. La longueur de radiation est proportionnelle à $1/Z^2$.

Développement de la gerbe

Une particule chargée (électron dans notre cas) à la traversée du calorimètre interagit avec le champ électrique des noyaux de plomb se trouvant dans les absorbeurs en donnant naissance à un photon. La particule incidente perd alors de son énergie. On appelle ce phénomène le rayonnement de freinage. Le second mécanisme concerne l'interaction du photon émis avec le champ électrique des noyaux de plomb qui conduit à la création d'une paire électron-positron. Ceux-ci vont à leur tour rayonner des photons qui vont eux-mêmes donner naissance à une paire électron-positron... et ainsi de suite. On obtient une gerbe électromagnétique (voir figure 2.11). Le phéno-

FIG. 2.11 – *Une gerbe électromagnétique.*

mène se développe jusqu'à ce que l'énergie initiale soit totalement dégradée sous la forme d'électrons et de positrons secondaires. La somme des parcours des électrons et positrons créés durant le développement de la gerbe est proportionnelle à l'énergie incidente. Ces électrons et positrons traversent l'argon liquide, et ionisent les atomes. Les électrons d'ionisation, sous l'action d'un champ électrique de 10 kV/cm appliqué entre électrode et absorbeur, vont dériver vers l'électrode, alors que les ions vont dériver lentement (10^5 fois moins vite) vers l'absorbeur. Les électrons, après thermalisation, vont avoir une vitesse constante de dérive de quelques mm/μs. Le principe est résumé sur la figure 2.12.

Formation du signal dans le calorimètre

Pour comprendre la forme du signal dans le calorimètre, partons d'une configuration simple comportant seulement une paire électron-ion dans une cellule, comme sur la figure 2.13. On raisonne sur un électron d'ionisation. La vitesse de dérive de l'ion est négligeable par rapport à celle de l'électron, donc

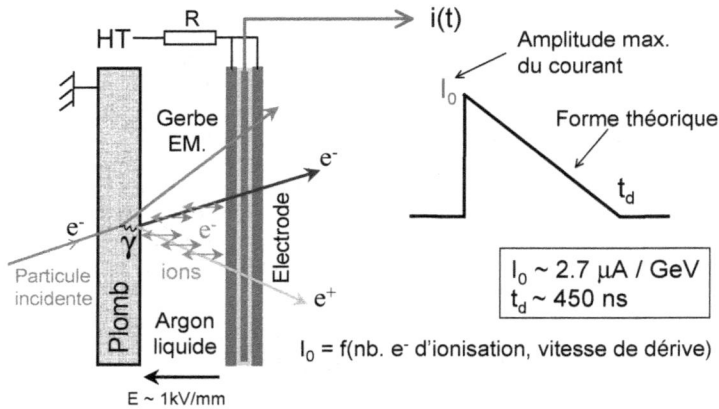

FIG. 2.12 – *Formation du signal dans le calorimètre.*

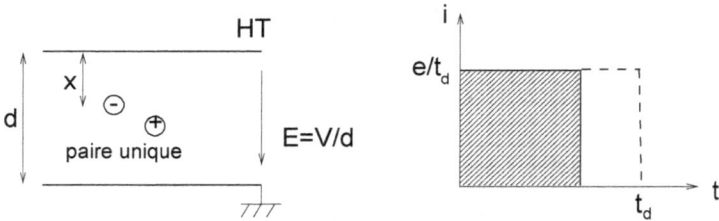

FIG. 2.13 – *Evolution du courant et de la charge (partie hachurée) induits par une paire électron-ion.*

on néglige sa contribution au signal. L'électron dérive vers l'électrode sous l'action du champ électrique uniforme et crée par influence un courant i :

$$i = q \frac{\vec{v}_d . \vec{E}}{V}$$

La vitesse de dérive et le champ électrique étant constants, le courant créé par le déplacement de la charge vaut :

$$i(t)_{t<t_d} = \frac{e}{t_d}, \text{ et } i(t)_{t>t_d} = 0$$

avec t_d le temps de dérive au sein de la cellule. La charge correspondante est obtenue par intégration du courant pendant la durée de la dérive (surface hachurée sur la figure 2.13), sachant que la vitesse de dérive $v_d = d/t_d$ est constante :

$$q(t) = \frac{e}{t_d} \times \left(t_d - \frac{x}{v_d} \right) = e \left(1 - \frac{x}{d} \right)$$

Prenons le cas d'une particule ayant ionisé régulièrement le milieu. En quelques centaines de picosecondes, correspondant au temps de thermalisation [6] des électrons d'ionisation, le courant va atteindre un maximum, puis diminuer linéairement en 400 ns (le temps de collection de tous les électrons créés) comme le montre la figure 2.14. L'amplitude du courant à un instant donné

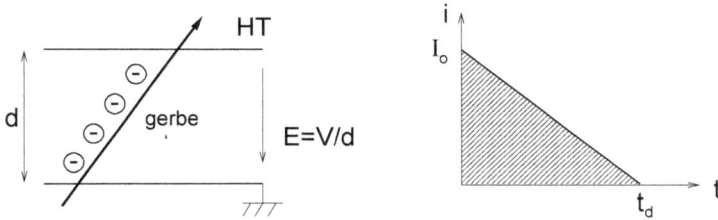

FIG. 2.14 – *Evolution du courant et de la charge (partie hachurée) induits par une gerbe électromagnétique.*

est proportionnelle au nombre d'électrons d'ionisation présent à cet instant dans l'argon liquide. Le courant est donné par la relation :

$$I(t) = \frac{Nq(t)}{t_d} = I_0 \left(1 - \frac{t}{t_d} \right), \text{ avec } I_0 = \frac{Nev_d}{d} \qquad (2.1)$$

La valeur maximale du courant I_0 dépend de deux paramètres, le nombre d'électrons d'ionisation N et leur vitesse de dérive.

Il reste à étalonner le calorimètre pour relier très précisément cette valeur à l'énergie initiale corespondante.

2.3.3 Le choix d'ATLAS

Pour répondre aux exigences d'herméticité et de granularité avec une grande rapidité, la géométrie en accordéon [19] a été adoptée pour les calo-

---

6. Emis dans toutes les directions, les électrons d'ionisation vont se thermaliser sous l'effet des chocs élastiques avec les atomes d'argon, avant d'acquérir une vitesse constante de dérive.

rimètres tonneaux et bouchons (voir figure 2.15). On obtient ainsi une cou-

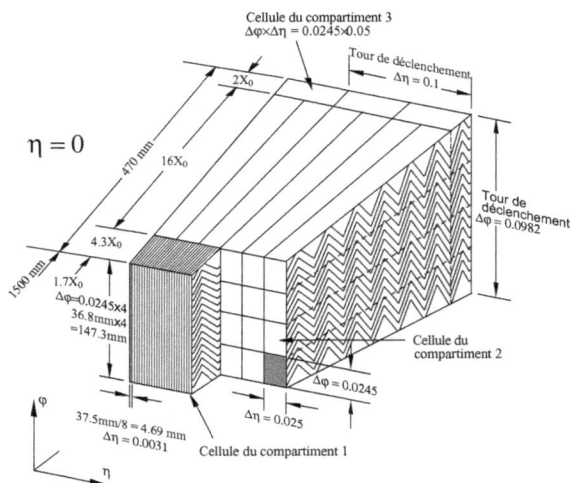

FIG. 2.15 – *Le profil en accordéon du calorimètre, avec une géométrie projective.*

verture azimutale totale. Cette géométrie permet de minimiser les longueurs des connections entre cellules et câbles, réduisant ainsi le temps d'extraction des signaux et le bruit associé à chaque connection. Enfin, cette forme nous assure que les particules traversant le calorimètre rencontrent des absorbeurs, donc créent une gerbe. En η, le domaine couvert s'étend de $-3{,}2$ à $+3{,}2$.

La granularité du calorimètre électromagnétique en r,η et Φ est donnée ci-dessous. L'ensemble du calorimètre est constitué de 170000 cellules à géométrie projective. Le découpage des cellules pour une électrode du tonneau est représenté sur la figure 2.16.

- En Φ, chaque demi-tonneau $(0 < |\eta| < 1{,}4)$ consiste en un assemblage de 16 modules. Chaque module est un empilage de 64 absorbeurs et 64 électrodes. Chacun des bouchons $(1{,}4 < |\eta| < 3{,}2)$ est fait de deux roues concentriques, l'une avec 256 absorbeurs et l'autre 768.

- Le calorimètre est segmenté en profondeur en trois compartiments, permettant d'obtenir plusieurs estimations de la position de la gerbe et

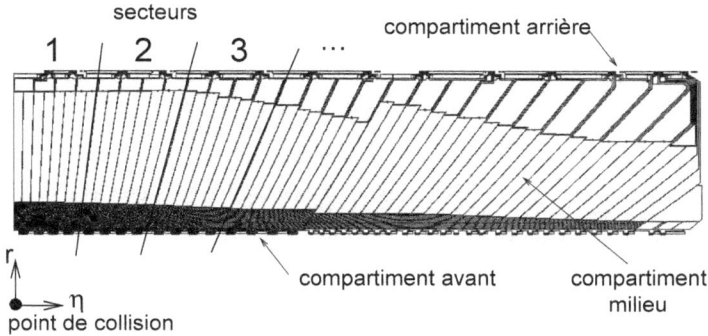

FIG. 2.16 – *Segmentation d'une électrode du calorimètre tonneau.*

d'identifier les particules.

– Le premier compartiment est très finement segmenté en η (voir tableau 2.1) pour obtenir une bonne réjection des π_0 ainsi qu'une mesure précise de la position du point d'impact. Le second compartiment, huit fois plus large, a été optimisé pour contenir en profondeur une gerbe d'énergie inférieure à 50 GeV. Le troisième de largeur double par rapport au précédent permet de récupérer les fuites de gerbe de haute énergie et améliore l'identification des photons et des électrons.

η	0 à 1,4	1,4 à 1,8	1,8 à 2,0	2,0 à 2,5	2,5 à 3,2
pré-éch.	0,025×0,1	0,025×0,1			
comp. 1	0,003×0,1	0,003×0,1	0,004×0,1	0,006×0,1	0,1×0,1
comp. 2	0,025×0,025	0,025×0,025	0,025×0,025	0,025×0,025	0,1×0,1
comp. 3	0,050×0,025	0,050×0,025	0,050×0,025	0,050×0,025	
nb cell.	110208	25600	12288	24064	1792

TAB. 2.1 – *Granularité du calorimètre électromagnétique ($\delta\eta \times \delta\Phi$).*

La résolution en énergie d'un calorimètre se met sous la forme :

$$\frac{\sigma_E}{E} = \frac{a}{\sqrt{E}} \oplus \frac{b}{E} \oplus c \qquad (2.2)$$

– Le terme a, ou terme d'échantillonnage, traduit les fluctuations sur la répartition de l'énergie des gerbes électromagnétiques entre les milieux

absorbeur et détecteur. Ce terme caractérise donc l'échantillonnage géo-
métrique des gerbes et est relié à l'épaisseur de plomb des absorbeurs.

- Le terme b correspond à la largeur des fluctuations du bruit dans toute
  la chaîne de lecture. Ce bruit global provient de différentes sources telles
  que le bruit d'empilement, le bruit thermique, le bruit de quantifica-
  tion des convertisseurs analogiques-numériques, et est indépendant de
  l'énergie déposée par une particule dans l'argon.

- Le terme c, appelé terme constant, regroupe les non-uniformités de la
  réponse en énergie, c'est-à-dire les différentes inhomogénéités locales ou
  globales. Les contributions à ce terme sont résumées dans le tableau 2.2
  (voir [20]). Les causes locales correspondent à une région définie par la

Origine		Contribution
Mécanique	absorbeurs (épaisseur)	< 0,2%
(local)	argon (espacement électrode-absorbeur)	< 0,15%
	forme accordéon (modulation en Φ)	< 0,2%
Etalonnage	amplitude (précision de mesure)	< 0,25%
(local)	stabilité de la partie lecture	~ 0,1%
	différence signaux physique et d'étalonnage	< 0,2%
Autres	impuretés dans l'argon	< 0,1%
(global)	inhomogénéités de température	~ 0,2%
	variations de haute tension	< 0,1%
Total		~ 0,55%

TAB. 2.2 – *Origine des contributions au terme constant du calorimètre électromagnétique.*

taille d'un module en Φ et un secteur[7] en η. Les non-uniformités entre
régions correspondent à des effets sur le détecteur complet dans son
cryostat. Ce sont des effets à plus grande échelle qui ne peuvent être
étudiés que dans la configuration finale du calorimètre.

La simulation et la compréhension théorique de la construction donne
la limite sur les trois paramètres a, b et c. L'analyse des données collectées
lors des périodes de faisceau test entre 1992 et 1996 avec le prototype de 2
mètres [21] confirme ces bornes, et permet d'extrapoler les valeurs pour les
paramètres du calorimètre définitif (voir tableau 2.3).

A basse énergie, le terme de bruit est dominant dans l'expression de la résolution tandis que le terme constant est prépondérant à haute énergie. Pour
minimiser le terme c, il faut s'attacher à améliorer la qualité de l'assemblage

---

7. Un secteur correspond à une région de $\Delta\eta = 0,2$.

a (terme d'échantillonnage) : $\sim 10\%$
b (bruit électronique) : ~ 300 MeV
c (terme constant) : $< 0{,}7\%$

TAB. 2.3 – *Paramètres caractérisant la résolution en énergie.*

et le fonctionnement du détecteur, d'où les tolérances draconiennes imposées par le cahier des charges. L'objectif est de le garder en dessous de 0,7% sur l'ensemble du calorimètre électromagnétique.

2.3.4 Les constituants du calorimètre

Les absorbeurs

Les absorbeurs sont constitués d'une plaque de plomb placée entre deux plaques d'acier pour assurer la tenue mécanique. Pour compenser l'augmentation d'épaisseur de plomb vue du point d'interaction en fonction de η, cette épaisseur doit diminuer en η. En pratique, la collaboration a opté pour un seul changement à $|\eta| = 0{,}8$, l'épaisseur de plomb variant de 1,5 mm à petite rapidité, à 1,1 mm à grande rapidité. Au sein de l'absorbeur, cette variation est compensée pour avoir une épaisseur globale de 2,16 mm. Le collage entre les différentes couches est réalisé par un tissu pré-imprégné de résine époxy. Les absorbeurs ont une forme d'accordéon dont les angles diminuent quand le rayon augmente, afin de définir un écartement constant de 4,2 mm entre deux absorbeurs consécutifs. A petit et à grand rayon, les absorbeurs sont encastrés et collés dans des barreaux de précision en fibre de verre (G10). Ces barreaux de section prismatique sont en contact les uns avec les autres en Φ, et définissent la géométrie cylindrique de l'ensemble du calorimètre. Ils maintiennent les électrodes de lecture en η, protègent et fixent les connecteurs signaux, et solidarisent les absorbeurs.

Les électrodes

Les électrodes de lecture, d'une épaisseur de 300 μm, sont maintenues équidistantes des deux absorbeurs par un espaceur, le « nid d'abeille ». Les cellules d'argon liquide ont une épaisseur de 1,95 mm. La figure 2.17 montre un schéma grossi d'une coupe du calorimètre avec les différentes couches mises en œuvre.

L'électrode elle-même est composée de trois couches conductrices en cuivre séparées par du kapton[8]. Les deux couches externes sont portées à la haute

---

8. Le kapton est un matériau isolant de type polyimide ; c'est une marque déposée de

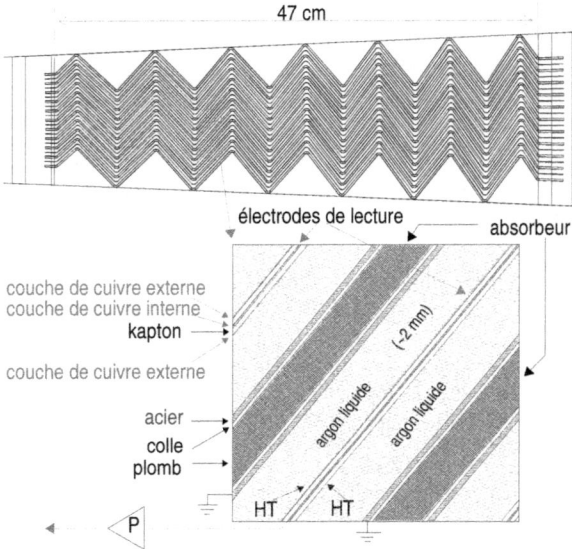

FIG. 2.17 – *Les différentes couches composant le calorimètre.*

tension tandis que la couche interne recueille le signal par couplage capacitif (voir figure 2.18). Pour des raisons techniques de fabrication, l'électrode

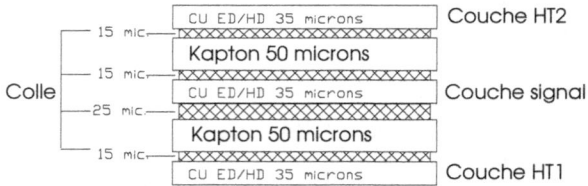

FIG. 2.18 – *Coupe d'une électrode.*

du calorimètre tonneau est en réalité divisée en deux électrodes A et B, la

la société Dupont.

première couvrant les quatre premiers secteurs (de $\eta = 0$ à $\eta = 0,8$), et la suivante les trois secteurs restants (de $\eta = 0,8$ à $\eta = 1,4$).

Le schéma électrique d'une tranche d'électrode de largeur 0,05 en η avec les trois compartiments en profondeur et les trois couches conductrices est donné sur la figure 2.19.

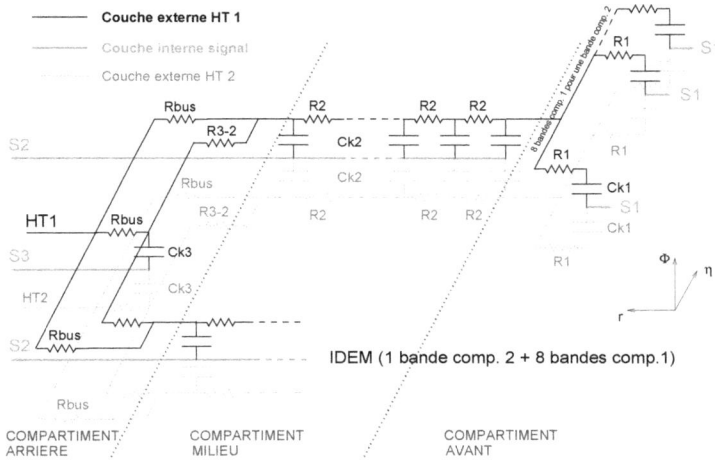

FIG. 2.19 – Schéma électrique d'une tranche d'électrode en η.

Une électrode est fabriquée en collant une feuille de kapton cuivrée simple face sur une feuille cuivrée double face. Le kapton a été choisi pour ses propriétés diélectriques, sa bonne tenue aux radiations, et ses propriétés de contraction thermique proches de celles du cuivre. Le dessin des différentes cellules, représenté sur la figure 2.16, est gravé sur le cuivre ; à l'aide d'un procédé chimique, le cuivre est attaqué de manière analogue à la production des circuits.

La haute tension est délivrée sur l'arrière de l'électrode au moyen d'un bus relié aux compartiments milieu et arrière par deux résistances en parallèle (notée Rbus sur la figure2.19) de 1 MΩ chacune. Les couches externes de ces compartiments sont divisées en petits pavés de cuivre reliés par des résistances sérigraphiées de 500 kΩ (R2) pour limiter le courant en cas de claquage dans l'argon liquide et protéger ainsi l'électronique de lecture de chaque cellule. La haute tension est distribuée sur le compartiment avant par l'intermédiaire de résistances de 400 kΩ (R1) connectées au compartiment milieu. Ces différentes résistances sont montrées sur la figure 2.20. Une voie de haute tension alimente un secteur en η et 32 faces d'une électrode en Φ.

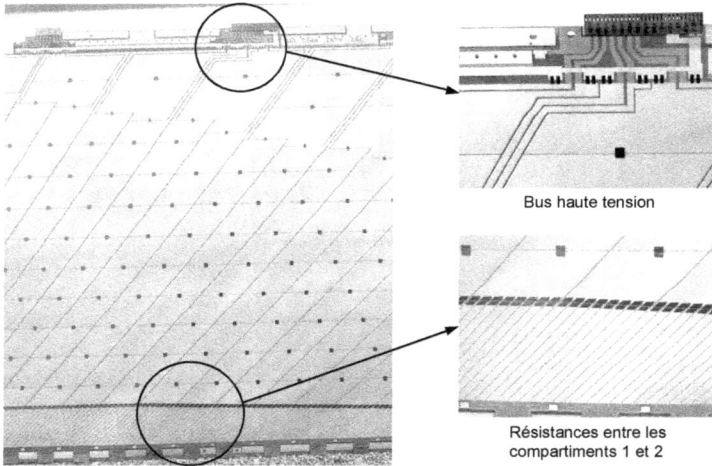

Fig. 2.20 – *Résistances sérigraphiées sur une couche externe d'une électrode.*

La structure de cette électrode joue le double rôle de collection des charges et de capacité de découplage (voir figure 2.21). Avec une telle structure, les électrons sont évacués par la couche haute tension, et les ions se recombinent au niveau de la masse. On mesure le courant induit, et non la charge sur la couche signal, en raison de la résistance de grande valeur sur le bus haute tension. Dans ce système, nous sommes en présence d'une capacité détecteur en série avec une capacité de découplage. D'une valeur environ 100 fois plus grande, cette dernière n'intervient pas dans la capacité de détection.

2.3.5   Le signal à la sortie du calorimètre

Notre détecteur ne comporte que des composants passifs dans le cryostat, toute l'électronique étant déportée après les traversées. Le signal issu du dé-

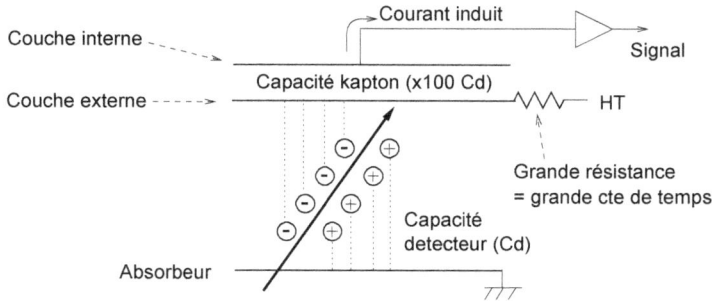

FIG. 2.21 – *Les fonctions de collection de charges et de capacité de découplage.*

tecteur subit plusieurs traitements avant d'être envoyé au système d'acquisition de données (DAQ). La figure 2.22 présente les différentes étapes de la chaîne électronique de lecture : préamplification, mise en forme, échantillonnage, mémorisation analogique, numérisation. Le transfert des signaux vers l'étape de numérisation ne s'effectue qu'après la décision du premier système de déclenchement. Les signaux servant au déclenchement sont obtenus par sommation de cellules au sein d'une zone appelée tour de déclenchement. L'emplacement des différents modules composant cette chaîne de lecture résulte d'un compromis entre une électronique proche du détecteur pour répondre aux exigences d'un très bas niveau de bruit, et une électronique éloignée du point d'interaction du fait du niveau élevé de radiation dans la caverne du détecteur. La partie numérique se situe essentiellement dans une salle de contrôle. La partie analogique se trouve dans un chassis installé immédiatement après la traversée sur le cryostat. Ce chassis contient des cartes d'étalonnage, des cartes « front end »[9], des cartes générant les signaux de déclenchement[10], et des cartes de contrôle pour gérer l'horloge à 40 MHz et les différents signaux de synchronisation.

Cartes mères et cartes sommatrices

Une voie de lecture est définie en regroupant, par les cartes sommatrices, plusieurs cellules identiques sur des électrodes consécutives. Les signaux sont acheminés hors du cryostat via les cartes mères et des câbles 50 Ω ou 25 Ω,

---

9. FEB, Front End Board.
10. TBB, Tower Builder Board.

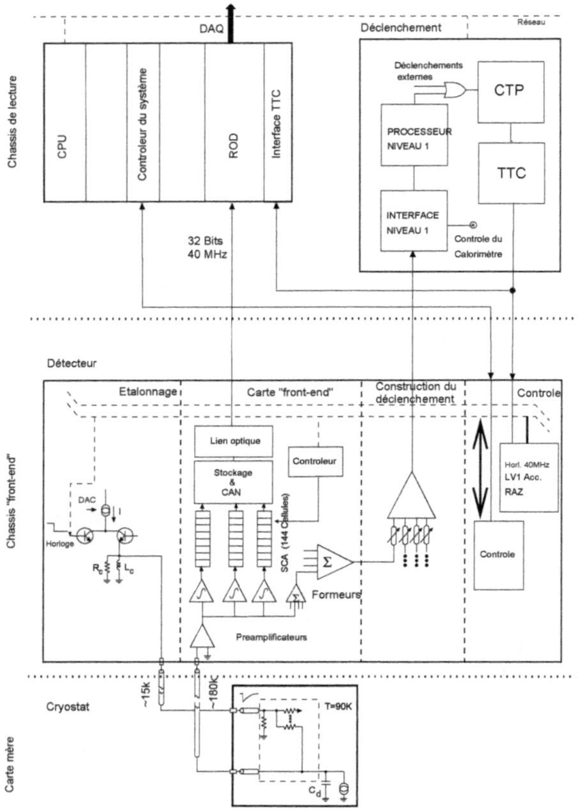

FIG. 2.22 – *Les différentes étapes de la chaîne électronique de lecture du calorimètre électromagnétique.*

selon le compartiment. Les cartes mères ont également pour rôle de distribuer les signaux d'étalonnage sur les cellules du calorimètre. L'emplacement de ces cartes sur un module est illustré sur la figure 2.23. Elles sont situées sur l'avant (à petit rayon) et sur l'arrière (à grand rayon) du module. Une voie

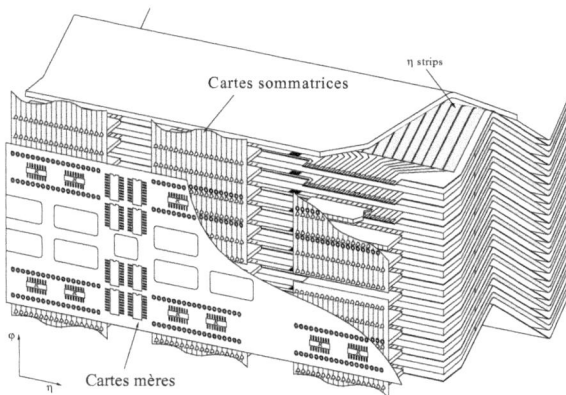

FIG. 2.23 – *Vue d'un module sur la tranche avec carte mère et cartes sommatrices connectées.*

de l'avant collecte les charges de 16 électrodes en Φ du compartiment avant, tandis qu'une voie de l'arrière regroupe les signaux de quatre électrodes en Φ des compartiments milieu ou arrière.

Préamplification

L'objectif des préamplificateurs est d'amplifier le signal issu du détecteur au dessus du niveau de bruit généré par les différents éléments de la chaîne. Ils sont placés hors du cryostat pour les rendre accessibles en cas de panne. La collaboration, pour le calorimètre électromagnétique, a privilégié cette solution par rapport à des préamplificateurs fonctionnant à la température de l'argon liquide. En effet, si amplifier au plus près de l'électrode minimise le bruit dû aux lignes de transmission, l'avantage a été jugé insuffisant devant le problème d'inaccessibilité. Les signaux amplifiés sont alors acheminés à la fois vers l'étage de mise en forme et vers le déclenchement de niveau 1.

Mise en forme

Cette partie joue un double rôle. Elle limite la bande passante du signal pour l'adapter à la fréquence d'échantillonnage, et amplifie le signal d'entrée

avec un gain variable. En pratique, on utilise un filtre bipolaire de type
CR-RC^2, avec une constante de temps τ ajustable. Ce filtre réalise d'abord
une dérivation (CR) du signal triangulaire qui nous donne le maximum du
triangle, puis une double intégration (RC^2) pour élargir et lisser la courbe
obtenue. La figure 2.24 représente le signal triangulaire issu du détecteur
ainsi que le signal après mise en forme.

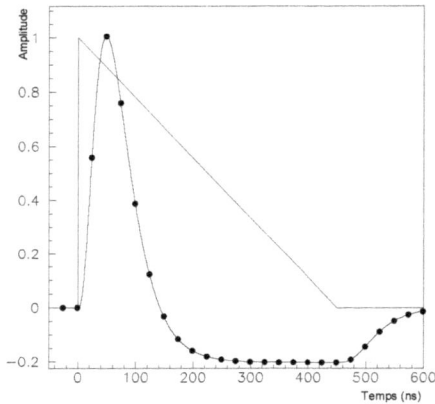

FIG. 2.24 – *Signal triangulaire issu du détecteur et signal après mise en
forme. Les points représentent les collisions successives toutes les 25 ns.*

La constante τ =RC est choisie pour minimiser le bruit total résultant de
la convolution du bruit d'électronique et du bruit d'empilement. En prenant
une valeur de τ élevée, le bruit électronique à haute fréquence est mieux filtré
mais le temps de montée du signal en sortie augmente, augmentant alors le
bruit d'empilement. Le choix de la valeur optimale de τ dépend donc de la
luminosité pour tenir compte du problème d'empilement.

L'étage d'amplification comporte trois gains, chaque gain ayant une gamme dynamique supérieure à 12 bits. Ce choix résulte du fait qu'il n'existe pas,
dans le commerce, des convertisseurs analogiques-numériques 16 bits (gamme
dynamique imposée par le cahier des charges) fonctionnant à 40 MHz. On
utilise donc un système à gains multiples, chacun ayant une réponse linéaire.

Echantillonnage

Les signaux issus de la mise en forme sont échantillonnés à 40 MHz avec la contrainte d'avoir un échantillon proche du maximum du pic, à ± 2 ns (voir figure 2.24). Seulement cinq échantillons autour du pic d'origine sont gardés et envoyés vers la numérisation.

Mémorisation

Après échantillonnage, le résultat est stocké dans une mémoire analogique comportant 144 capacités de stockage. Cette profondeur permet d'attendre la décision du déclenchement de niveau 1 (environ 2,5 μs). Chaque capacité est commandée par un jeu de bascules pour les opérations de lecture et d'écriture.

Numérisation

Si le déclenchement de niveau 1 est validé, les échantillons sauvegardés dans la mémoire sont lus et numérisés par des convertisseurs analogiques-numériques (CAN) 12 bits. Pour éviter des effets systématiques dus à l'utilisation de gains différents pour les cinq échantillons dans la reconstruction du signal d'une voie donnée, un seul gain est utilisé par voie et par trace. Un algorithme de sélection placé dans un composant logique programmable détermine le gain optimal.

Etalonnage de cette chaîne de lecture

Les avantages d'un calorimètre à argon liquide ont été présentés au paragraphe 2.3.2. Mais il ne suffit pas d'avoir un signal d'ionisation stable et uniforme, encore faut-il que la chaîne de lecture située en aval du détecteur ne comporte pas d'imperfections majeures (défauts d'uniformité, de linéarité,...). Le cahier des charges impose que la contribution de ces imperfections au terme constant (voir formule 2.2) ne dépasse pas 0,25% sur toute la gamme dynamique. C'est pourquoi un système très précis d'étalonnage de la chaîne électronique est indispensable.

Le principe est détaillé sur la figure 2.25. On injecte un signal sur les électrodes, via un réseau de distribution situé sur les cartes mères, qui simule le signal de physique. Ce signal est fabriqué en interrompant brutalement un courant continu circulant dans une inductance. L'interruption (blocage du transistor Q1) se fait par la commande du courant de base du transistor Q2 qui dirige le courant I_p vers la masse. L'énergie magnétique stockée dans l'inductance produit une tension de forme exponentielle décroissante qui se

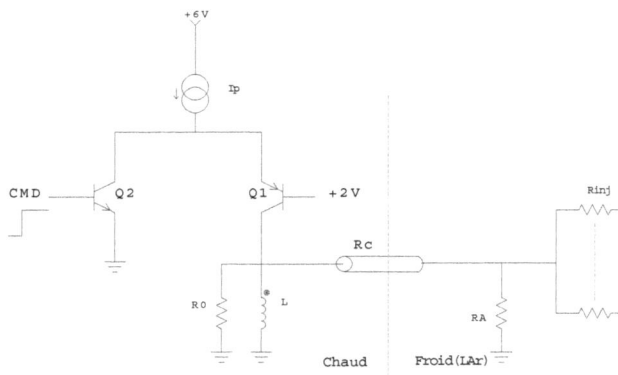

FIG. 2.25 – *Système d'étalonnage pour le calorimètre électromagnétique. Le signal est généré grâce à l'énergie magnétique stockée dans l'inductance. Il est transmis aux électrodes via un réseau de résistances d'injection.*

propage dans le câble vers les cellules. Le courant I_p est généré à partir d'un convertisseur numérique-analogique suivi d'un convertisseur tension-courant.

Le signal d'étalonnage est envoyé à travers les câbles sur les cartes mères. A ce niveau, le signal est adapté sur 50 Ω, et est distribué sur les cellules via un réseau de résistances d'injection précises à 0,1%. Le chemin parcouru par les signaux d'étalonnage vers les électrodes du calorimètre, ainsi que la lecture de la réponse des cellules, sont illustrés sur la figure 2.26.

2.4   Conclusion

Nous avons exposé les solutions retenues par la collaboration ATLAS pour répondre aux exigences dictées par la physique. Au sein de cet ambitieux programme, la calorimétrie électromagnétique joue un rôle essentiel pour la physique. Pour atteindre les objectifs imposés, il est nécessaire de valider les performances du calorimètre en terme de construction, de câblage, de tenue à la haute tension,... avant le démarrage de l'expérience en 2005 car aucune intervention ne sera possible après la fermeture du cryostat.

Sur les 32 modules composant le calorimètre tonneau, six d'entre eux

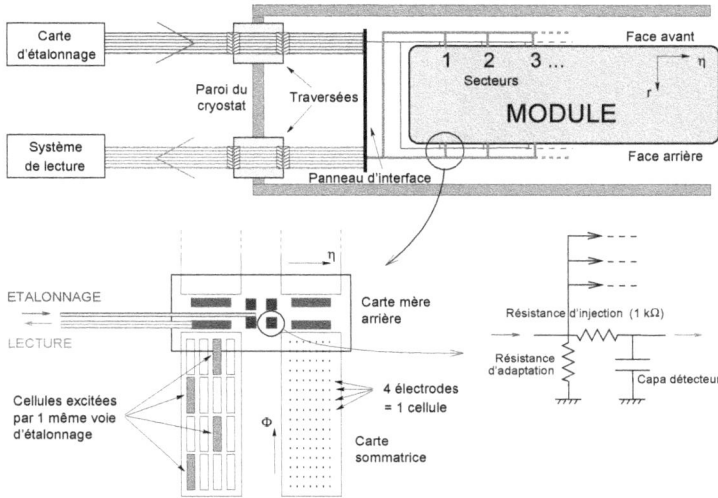

FIG. 2.26 – *Parcours des signaux d'étalonnage jusqu'au module et chaîne de lecture de la réponse des cellules.*

seront exposés avec un faisceau d'électrons au CERN [13, p207]. C'est pourquoi une procédure complète de tests est mise en place pour qualifier tous les modules systématiquement. Mon travail de thèse a consisté à définir la procédure de tests, à la mettre au point sur un pré-prototype, et à la valider complètement sur un prototype à l'échelle 1.

Chapitre 3

Le banc de tests

3.1 Position du problème

Le calorimètre tonneau d'ATLAS est composé de 32 modules. Une exposition de chacune des cellules composant un module à un faisceau d'électrons est la manière la plus satisfaisante de vérifier les performances du détecteur. Il est néanmoins indispensable de vérifier à chaque étape de la construction la conformité de chaque composant et la qualité de l'assemblage. De plus, nous ne pouvons envisager plus de deux tests en faisceau par an. Or la construction du calorimètre complet doit durer environ trois ans. En conséquence, seuls quelques modules seront testés en faisceau.

Les tests réalisés sur chaque module sont alors déterminants. Non seulement ces tests permettent de qualifier un module, mais aussi de vérifier la reproductibilité des caractéristiques de module à module. Ces tests se découpent en trois étapes :

1. durant le montage, on vérifie que les électrodes de lecture n'ont pas été endommagées au cours des manipulations et que la propreté des différents composants des modules est suffisante pour la tenue à la haute tension. De plus, la qualité de l'assemblage doit répondre aux tolérances imposées par le terme constant dans la résolution en énergie. Nous avons vu dans le tableau 2.2 que l'on souhaite une contribution au terme constant venant de l'assemblage inférieure à 0,15%.

2. après câblage électrique du module, on vérifie la connectique, on recherche d'éventuelles erreurs de câblage et on mesure la réponse de chaque cellule de détection à un signal d'étalonnage. C'est une première mesure de l'uniformité du module. On vérifie également la tenue à la haute tension de l'ensemble du calorimètre. Ces tests sont réalisés à température ambiante.

3. on reprend la série de tests précédente à la température de l'argon liquide pour mettre en évidence d'éventuels problèmes liés aux contrac-
   tions thermiques différentielles.

La procédure de qualification des modules du calorimètre électromagnétique
d'ATLAS est effectuée au moyen d'un banc de tests pour étudier le comportement du calorimètre à température ambiante et à la température de
l'argon liquide, et pour obtenir une cartographie de toutes les cellules de détection. Pour diminuer les risques d'erreur, les différentes tâches répétitives
sont automatisées le plus possible.

L'ensemble des mesures concernant les modules est sauvegardé dans une
base de données. Elle contient les mesures effectuées sur les absorbeurs et les
électrodes avant assemblage, et les résultats des tests du montage et après
câblage des modules.

3.2   Description des tests

Nous avons présenté au chapitre précédent dans le tableau 2.2 les différentes contributions au terme constant. Les tests électriques présentés ici
permettent d'étudier les contributions à ce terme d'origine mécanique, à travers le contrôle de la distance entre absorbeurs. Ces tests concernent des
effets à l'échelle d'un module en Φ (1/32 du tonneau), c'est-à-dire la partie
locale du terme constant.

3.2.1   La séquence des tests

Avant de présenter le principe général des différents tests, il est important
de voir à quels moments ils interviennent. Chaque étape est ainsi soigneuse-
ment vérifiée, depuis le début de la construction jusqu'au départ du module
pour le CERN.

Tests au montage

Le montage des modules est effectué en zone propre (classe 100000) pour
ne pas introduire de poussières. En effet, lors du test haute tension, le champ
électrique présent entre électrodes et absorbeurs est de l'ordre de 10 kV/cm,
proche de la tension de claquage. Un soin particulier est nécessaire pour éviter
une décharge disruptive. Avant assemblage, les éléments constitutifs tels que
les absorbeurs, les électrodes, ou les nids d'abeilles sont nettoyés. Tous les
composants d'un module, des électrodes aux cartes d'électronique en passant
par les harnais de câbles, sont testés durant la production. Le but des tests au

montage est de détecter tout dommage survenant aux électrodes lors de leur manipulation, ainsi que des problèmes de haute tension liés à une propreté insuffisante. Pour cela, on adopte la séquence suivante :

1. pose d'un absorbeur et d'un nid d'abeille sur le bâti d'assemblage [1].

2. mise en place d'une électrode sur l'absorbeur.

3. pose d'un second absorbeur (avec le nid d'abeille).

4. câblage de test de l'électrode.

5. cette séquence (étapes 2, 3, et 4) est répétée trois fois de suite pour monter en moyenne quatre ensembles absorbeurs - électrodes par jour.

6. test de continuité électrique permettant de valider la chaîne des résistances sérigraphiées et la connectique. On vérifie ainsi que la haute tension est distribuée sur toute la surface de l'électrode.

7. test des électrodes par groupe de quatre en montant la haute tension progressivement tout en contrôlant le courant débité.

8. mesure de la capacité entre absorbeurs pour contrôler leur écartement.

9. on reprend la séquence complète avec le groupe d'électrodes suivant (étape 2).

Le montage d'un module est illustré sur la figure 3.1. Cette photographie

FIG. 3.1 – *Assemblage d'un module.*

---

1. Le bâti d'assemblage est une structure mécanique qui supporte le module en cours de montage et permet une rotation de celui-ci de 90°. Ce bâti définit aussi le plan de référence en Φ sur lequel est placé le premier absorbeur.

montre un module sur son bâti d'assemblage. L'électrode supérieure est équipée des cartes et des câbles de tests temporaires.

Un système de cartes temporaires permet de monter la haute tension sur l'ensemble du module avant de passer au câblage définitif.

Les résultats de ces tests sur un module prototype sont présentés au chapitre 4.

Tests à température ambiante après câblage final

A la fin du montage, le module est désolidarisé du bâti d'assemblage pour être câblé. Les différentes opérations à effectuer pour les tests à température ambiante sont présentées ci-dessous :

1. on enlève les cartes de test temporaires.

2. câblage de la face à petit rayon : installation des cartes sommatrices, des cartes mères, des panneaux d'interconnection, et pose des câbles entre cartes mères et panneaux.

3. montage d'un bâti de manutention autour du module.

4. retournement du module pour câbler les cartes sommatrices et les cartes mères de la face à grand rayon, ainsi que les cartes de haute tension.

5. test du câblage haute tension.

6. test de tenue en tension.

7. test du câblage des lignes d'étalonnage et des lignes signaux.

8. mesure de la capacité de chaque cellule individuelle et étude de la diaphonie avec les cellules voisines.

Le câblage d'un module est montré sur la figure 3.2. Cette photographie montre les câbles des cellules du compartiment 1 ainsi que le panneau d'interconnection au premier plan. Les résultats des tests au câblage sont présentés au chapitre 4.

Tests dans un bain d'argon liquide

Cette séquence de tests utilise un cryostat vertical. Le module est suspendu sous le couvercle du cryostat et connecté aux câbles venant des traversées, comme le montre la figure 3.3. Le module est inséré dans le cryostat et refroidi à la température de l'argon liquide pour la dernière phase de tests :

1. série de tests à température ambiante reconduite à la température de l'argon liquide pour éliminer tout problème lié au refroidissement du module.

2. contrôle permanent des sondes de température et de pureté du bain d'argon liquide.

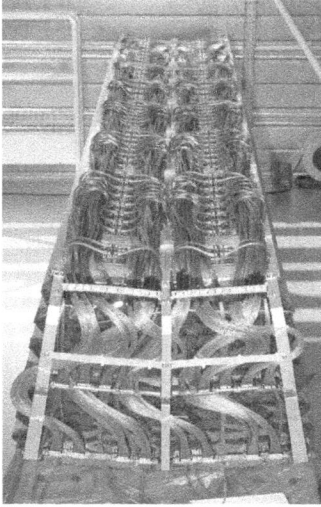

FIG. 3.2 – *Câblage d'un module.*

FIG. 3.3 – *Raccordement d'un module au couvercle du cryostat de test.*

3. contrôle des informations de l'automate du cryostat.

4. mesures à intervalles réguliers pour étudier la stabilité au cours du temps.

L'ensemble des tests dans l'argon liquide est représenté sur la figure 3.4. Les résultats sont présentés au chapitre 5.

3.2.2   Matériel général du banc de tests

Une électronique spécifique a été développée par différents laboratoires pour ce banc de tests :

– des cartes électroniques réalisées au LAPP générant les différents signaux de tests : un signal sinusoïdal très basse fréquence [22] et un signal carré [23],

– deux systèmes de multiplexage réalisés au CEN Saclay pour aiguiller les voies de sortie vers les systèmes de lecture [24],

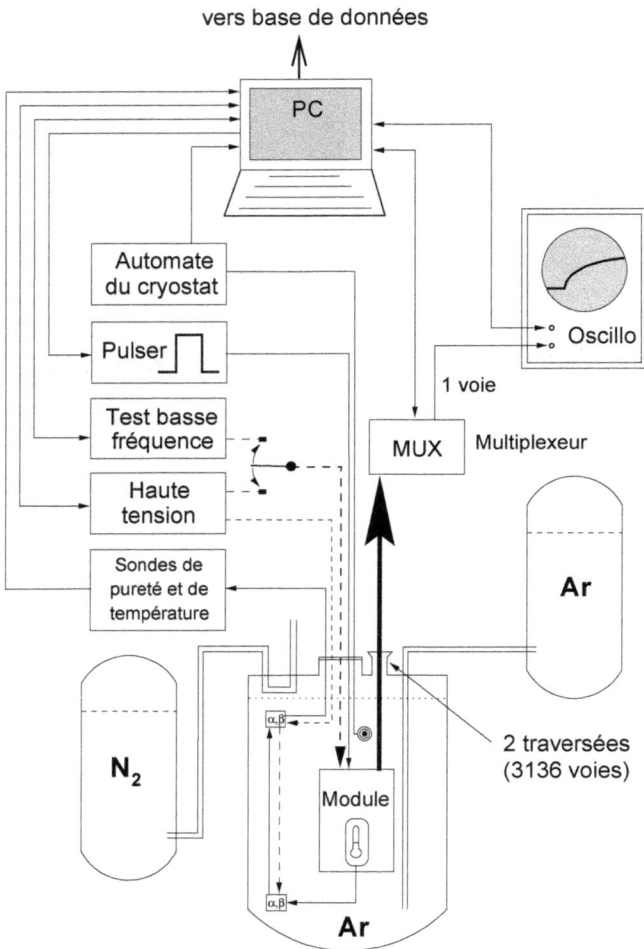

FIG. 3.4 – *Principe des tests dans le cryostat.*

– une carte d'interface IGPIB [25] entre le bus GPIB[2] et le châssis comportant les différentes cartes de tests et de multiplexage, réalisée au CPPM.

Les autres appareils utilisés ont été achetés dans le commerce :

– un oscilloscope numérique pour l'acquisition et le traitement des signaux de sortie,

– un capacimètre de précision,

– une alimentation haute tension fonctionnant avec un convertisseur du type GPIB - RS232[3],

– un PC pour commander les cartes de tests et les divers appareils au moyen d'un bus GPIB, et analyser les données. Les interfaces ont été écrites avec le logiciel LabVIEW[4].

L'ensemble des éléments du banc de tests est représenté sur la figure 3.5.

3.2.3 Le test de continuité électrique

Principe général

Ce test est utilisé pour vérifier l'état des connecteurs et des résistances sérigraphiées sur les couches haute tension (HT) des électrodes. Le principe de ce test, donné sur la figure 3.6, est d'envoyer un signal sinusoïdal de très basse fréquence sur les lignes haute tension d'une électrode. Par couplage capacitif, un signal est induit sur la couche signal des électrodes. Il doit être au-dessus d'un seuil donné si les résistances qui limitent le courant en cas de claquage sont en bon état (voir figure 3.7). Ce seuil est différent pour les cellules de chacun des trois compartiments en profondeur de l'électrode, et dépend de la surface de la cellule donc de sa position en η.

Matériel utilisé

Ce test utilise une carte électronique baptisée TBF [22], dont la fonction est de délivrer le signal sinusoïdal. Elle comporte 16 voies commandées par des relais et reliées aux lignes haute tension. L'oscilloscope numérique traite le signal provenant des électrodes et le PC vient lire l'amplitude de ce signal. Ces données sont alors comparées aux valeurs d'un fichier de référence.

---

2. General Purpose Interface Bus [26]. Ce bus d'instrumentation repose sur la norme IEEE488. C'est un bus parallèle sur huit bits, avec un contrôleur et un ou plusieurs dispositifs sur le bus pouvant être émetteur ou récepteur.

3. RS232 est une liaison de type série.

4. LabVIEW [27] est un langage de programmation graphique développé par la société National Instruments.

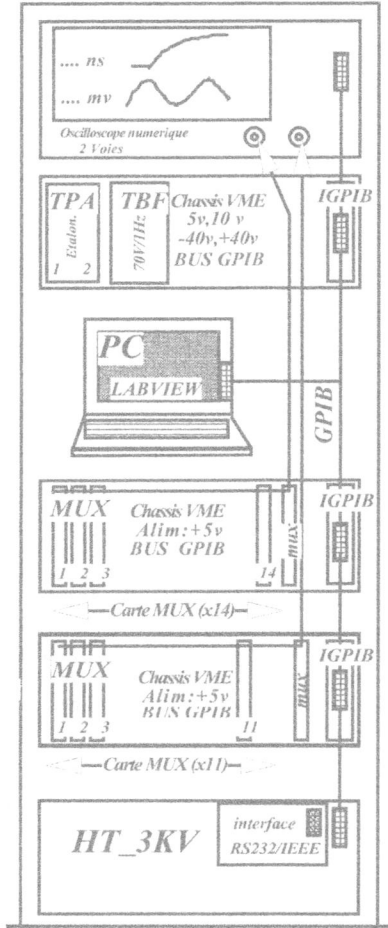

FIG. 3.5 – *Baie de tests électriques.*

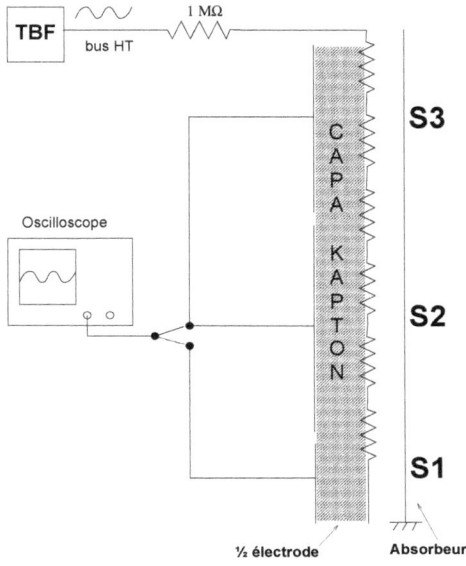

FIG. 3.6 – *Schéma de principe de TBF.*

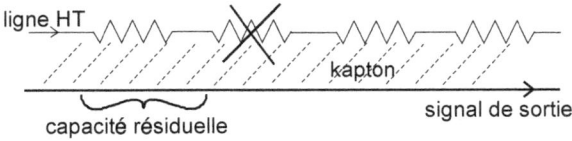

FIG. 3.7 – *Capacité résiduelle après coupure d'une résistance sérigraphiée de la couche haute tension de l'électrode.*

3.2.4 Le test haute tension

Principe général

Ce test a pour objectif de vérifier la tenue en tension des électrodes en mesurant le courant de fuite. On contrôle ainsi la propreté des absorbeurs, des nids d'abeille, et des électrodes, ou tout défaut de surface entraînant des micro-claquages. La rampe de tension est adaptée en fonction du courant débité. Celui-ci doit être inférieur à une valeur seuil, 1 μA par voie de haute tension et par électrode, pour ne pas endommager les électrodes. Ce seuil correspond au courant maximum attendu [28, figure 2] durant le fonctionnement du LHC à haute luminosité par voie de haute tension et par électrode. Pour ne pas provoquer des chemins ou des claquages irréversibles dans le kapton, on teste les électrodes dans des conditions similaires à celles de leur fonctionnement final.

Matériel utilisé

La collaboration a retenu la carte haute tension de la société Lecroy [29] qui possède les caractéristiques suivantes :
- tension continue programmable entre 0 et 3500 V,
- mesure du courant débité à $\pm(1\% + 10$ nA$)$ pour chaque voie,
- disjoncteur réglable pour chaque voie entre 0 et 100 μA.

Ce matériel se caractérise par un seuil de détection de courant particulièrement bas. Le protocole de communication et les fonctionnalités sont décrites dans la référence [30].

3.2.5   Mesure de la distance entre absorbeurs

Principe général

La distance entre absorbeurs est contrôlée au cours du montage du module, en mesurant la capacité entre électrode et absorbeur.

Matériel utilisé

On utilise un capacimètre [31]. Le principe de la mesure est d'envoyer une sinusoïde sur une cellule, de mesurer le courant et la tension aux bornes de cette cellule, et d'en déduire le module et la phase de l'impédance mesurée. On en déduit, après étalonnage, la valeur de la distance entre deux absorbeurs.

3.2.6   Mesure de la capacité des cellules

Principe général

Après le câblage du module, ce test permet de cartographier les cellules du détecteur en mesurant la réponse de chacune d'elles et la diaphonie avec les cellules voisines. Il permet également d'identifier d'éventuelles erreurs de câblage. Pour réaliser ce test, on envoie un signal carré de 20 V d'amplitude et de 2 ns de temps de montée sur les cellules, via les cartes mères. La réponse de la cellule testée est envoyée sur l'oscilloscope numérique par l'intermédiaire d'un multiplexeur et est moyennée sur 20 déclenchements. Cette moyenne est un compromis entre la diminution du bruit et le temps de mesure (3000 voies à tester par module). On détermine le temps de montée du signal défini comme le temps écoulé pour passer de 10% à 90% de l'amplitude maximale. On en déduit la constante de temps et par conséquent la valeur de la capacité.

Le principe du montage est décrit sur la figure 3.8. Les résistances d'adap-

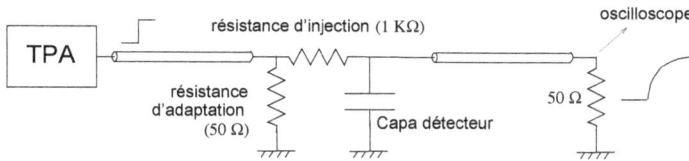

FIG. 3.8 – *Mesure de la capacité des cellules.*

tation et d'injection sont situées sur la carte mère. Ce schéma simplifié donne le principe général de cette mesure, et ne correspond donc pas à la chaîne complète que l'on verra par la suite.

Matériel utilisé

Cette mesure utilise une carte électronique baptisée TPA [23]. Le signal carré est piloté par un oscillateur interne ou externe. Cette carte possède 64 voies reliées aux câbles d'étalonnage du module. Les signaux de sortie sont traités par l'oscilloscope numérique et le PC.

3.3 Mise au point des tests

Les procédures de mesures présentées ci-dessous ont été mises au point sur un module-test provenant du calorimètre prototype RD3 [32].

3.3.1 Le test de continuité électrique

La principale difficulté rencontrée durant la mise au point de ce test vient de la sommation des sorties signaux sur les électrodes. En effet, lors du montage des modules, les voies sont regroupées en η au moyen d'un câblage

provisoire pour des raisons d'économie de câbles et de temps de mesure.
A petit rayon, on somme huit voies du compartiment 1, et à grand rayon
quatre voies du compartiment 2 avec deux voies du compartiment 3. Cette
sommation nous impose de distinguer une variation du signal de sortie proportionnelle au nombre de voies défectueuses.

Conditions du test

A l'aide de schémas équivalents, nous allons mettre en évidence les différences de comportement de notre système en fonction de la fréquence utilisée
et choisir la fréquence optimale pour répondre à la contrainte énoncée précédemment. Nous étudions ici les conditions pour les voies du compartiment 1.
En effet, c'est le cas le plus compliqué, car ce compartiment est le seul à être
alimenté via un autre compartiment.

Nous prenons d'abord une fréquence élevée telle que l'impédance de la
capacité détecteur soit négligeable devant la résistance de 1 MΩ placée sur le
bus HT (voir §2.3.4 sur l'alimentation HT des électrodes). On se trouve alors
dans les conditions données sur la figure 3.9. On suppose que la deuxième

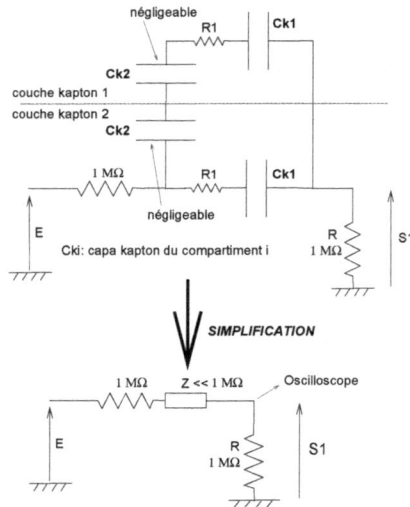

FIG. 3.9 – *Schéma équivalent du test TBF à « haute » fréquence (> 1 kHz).*

face HT est flottante, et on regarde le signal au niveau du compartiment 1. Notre montage est équivalent à un simple pont diviseur. Le test n'est donc sensible qu'à la partie résistive du système. Or si une résistance est coupée (R1 sur la figure 3.9), la capacité entre les couches HT et signal diminue. On doit donc être sensible à la partie capacitive du système.

En travaillant à basse fréquence, on se place dans les conditions de la figure 3.10. On prend 200 pF × 8 comme valeur typique pour une capacité

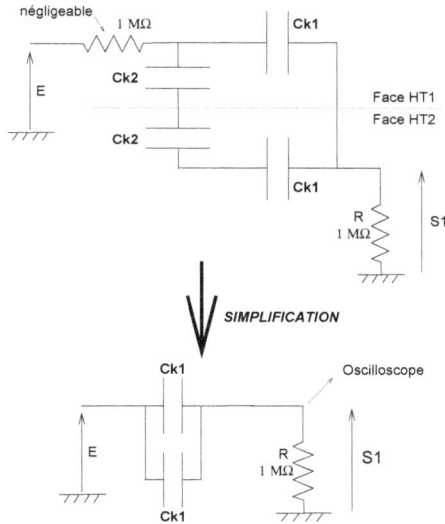

FIG. 3.10 – *Schéma équivalent du test TBF à basse fréquence (< 5 Hz), une face HT en l'air.*

d'une voie du compartiment avant. Pour négliger la résistance de 1 MΩ devant l'impédance de la capacité de kapton, on choisit une fréquence de :

$$1/2C_{k1}\omega = 10^7 \Longrightarrow f = 5 \text{ Hz}$$

Dans le schéma de la figure 3.10, les capacités du compartiment 2 sont négligeables. Par contre, les deux faces de l'électrode contribuent au signal de sortie. Dans le cas des voies de l'avant, celui-ci est donné par la relation 3.1 :

$$S_1 = \frac{1}{1 + 1/2jRC_{k1}\omega}E \tag{3.1}$$

et se simplifie :

$$|S_1| = 2RC_{k1}\omega|E| \tag{3.2}$$

On obtient une relation linéaire entre l'amplitude du signal de sortie et la capacité du compartiment 1 proportionnelle au nombre de cellules. Dans ces conditions, nous sommes capables de distinguer une cellule défectueuse.

Pour n'être sensible qu'à un seul côté de l'électrode, on place le bus HT de la deuxième face à la masse, ce qui conduit au schéma équivalent de la figure 3.11.

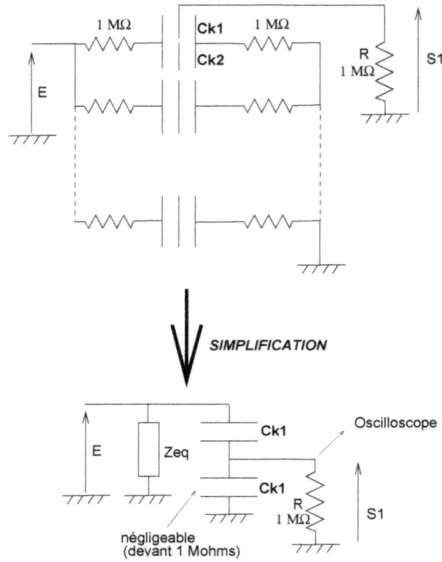

FIG. 3.11 – *Schéma équivalent du test TBF à basse fréquence, une face HT à la masse.*

Le signal de sortie vaut dans ce cas :

$$S_1 = \frac{1}{2 + 1/jRC_{k1}\omega}E \tag{3.3}$$

et à basse fréquence :

$$|S_1| = RC_{k1}\omega|E| \tag{3.4}$$

Là encore, le signal de sortie est proportionnel à la capacité du compartiment étudié. On mesure la capacité d'un seul côté de l'électrode, nous permettant alors de localiser plus précisément un éventuel défaut.

Pour valider cette analyse et figer les conditions du test TBF, on réalise une série de mesures à basse fréquence. Dans l'esprit du test « tout ou rien », une première approche consiste à vérifier la linéarité du signal de sortie en fonction du nombre de cellules. Ensuite, une étude plus fine en regardant la corrélation entre le signal de sortie et la surface des cellules permet de déterminer un seuil de sensibilité.

Variation du signal en fonction du nombre de cellules

Pour cette série de mesures, un générateur sinusoïdal de 20 V d'amplitude crête à crête et de fréquence 5 Hz est utilisé. La sinusoïde est injectée sur le bus HT d'une face de l'électrode, en laissant la deuxième face en l'air. Nous sommes donc dans les conditions de la figure 3.10. On mesure, au niveau du compartiment 1, le signal correspondant à une cellule, puis à la somme de deux cellules,... jusqu'à huit cellules pour simuler les futures cartes sommatrices en η.

Le résultat est présenté sur la figure 3.12. On obtient une progression

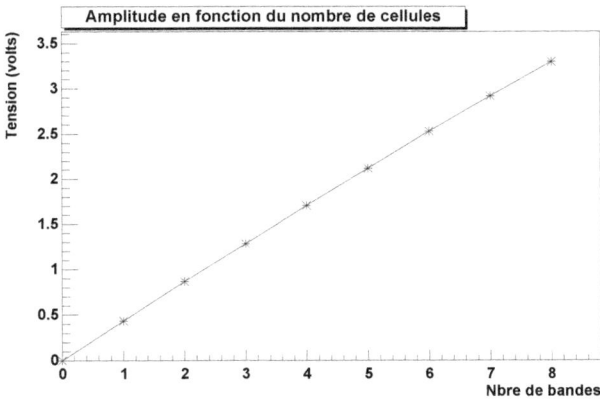

FIG. 3.12 – *Amplitude du signal de sortie en fonction du nombre de cellules, à 5 Hz.*

linéaire qui permet de déterminer sans ambiguïté un seuil de bon fonctionnement. Le signal de sortie est proportionnel au nombre de cellules connectées. En cas de rupture de continuité du circuit électrique, nous sommes capable de déterminer le nombre de cellules manquantes.

Variation du signal en fonction de la surface des cellules

Dans cette partie, on étudie la variation du signal en η dans les trois compartiments d'une électrode, pour ensuite la corréler à la variation de capacité. On travaille avec une amplitude de 20 V et on se place cette fois à une fréquence de 1 Hz. En effet, les valeurs de capacité des voies de l'arrière sont 10 fois plus grandes que celles de l'avant. Or négliger la partie résistive du système revient à fixer l'impédance équivalente de la capacité considérée. Comme la capacité augmente, il faut par conséquent diminuer la fréquence pour obtenir une impédance sensiblement constante.

On mesure le signal de sortie pour :
- les cellules du compartiment 1 par groupe de quatre
- les cellules du compartiment 2 une par une
- les cellules du compartiment 3 une par une

A chaque fois, on réalise les mesures avec le deuxième bus HT à la masse ou en l'air pour valider les schémas équivalents des figures 3.10 et 3.11. Toutes les surfaces des cellules sont calculées à partir d'un fichier de description de l'électrode.

Compartiment avant

La figure 3.13 présente les mesures sur le compartiment 1, dans le cas où la deuxième face de l'électrode est flottante ou à la masse. On ajuste les points de mesure au moyen d'une droite qui met en évidence une bonne corrélation. L'écart type de la distribution de la différence entre la surface théorique et la surface déduite de la mesure d'amplitude du signal de sortie vaut 0,055 cm². En considérant la distribution gaussienne, la distinction entre deux mesures à 99,9% de niveau de confiance correspond à une variation de surface de l'ordre de 0,23 cm². Nous sommes capable à plus forte raison de distinguer l'absence d'une cellule ($\simeq$ 7 cm²). Ceci reflète directement la sensibilité du test de l'ordre de 0,8%.

Dans le cas où le bus de la deuxième face est à la masse, la tension de sortie diminue d'environ un facteur deux puisque le test ne devient sensible qu'à une seule couche de kapton. Ce résultat confirme la validité du schéma équivalent de la figure 3.11.

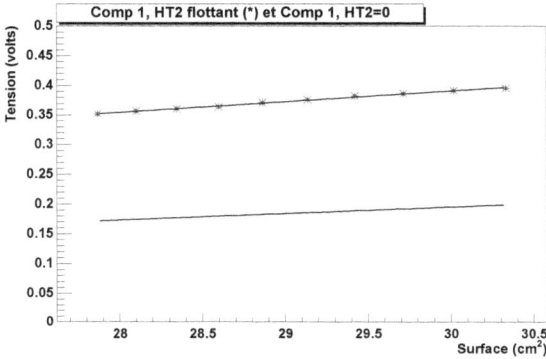

FIG. 3.13 – *Amplitude du signal de sortie du compartiment 1 en fonction de la surface, à 1 Hz, bus HT2 flottant (marqueur ∗) et bus HT2 à la masse.*

Compartiments milieu et arrière

Sur le compartiment 2, quand la deuxième face HT est à la masse, l'ajustement de la figure 3.14 montre une bonne corrélation. En effet, en utilisant la méthode précédemment décrite, l'écart type de la distribution de la différence entre la surface théorique et la surface expérimentale vaut 0,32 cm^2. A 99,9% de niveau de confiance, nous distinguons une variation de surface de 1,35 cm^2.

Le résultat sur le compartiment 3, avec la deuxième face HT à la masse, est donné sur la figure 3.15. Là encore, on observe un bonne corrélation, avec une sensibilité de l'ordre de 1,2%.

L'étude menée sur les trois compartiments montre que nous sommes capables de mesurer une variation de capacité de l'ordre de 1,5%. Or sur les voies du compartiment 1, le regroupement des cellules impose de distinguer une variation de capacité d'environ 12%. Le compartiment 1 étant alimenté par le compartiment 2, ce dernier est automatiquement validé. Quant au compartiment 3, le regroupement des voies à grand rayon implique une sensibilité de l'ordre de 5%. En effet, le cas le plus défavorable correspond à un seul pavé manquant, c'est-à-dire 1/20 de la surface d'une cellule à grand rayon. En conclusion, notre sensibilité est suffisante quelque soit le compartiment étudié pour déceler tout défaut au niveau des résistances sérigraphiées.

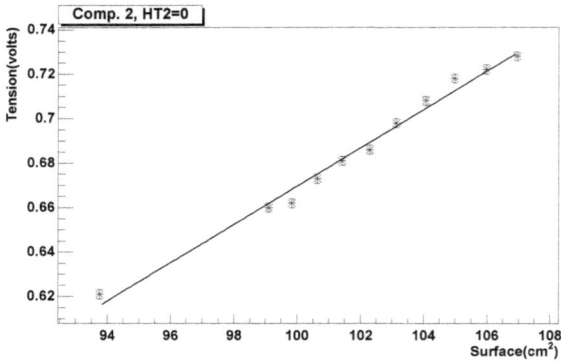

FIG. 3.14 – *Amplitude du signal de sortie du compartiment 2 en fonction de la surface, à 1 Hz, bus HT2 à la masse.*

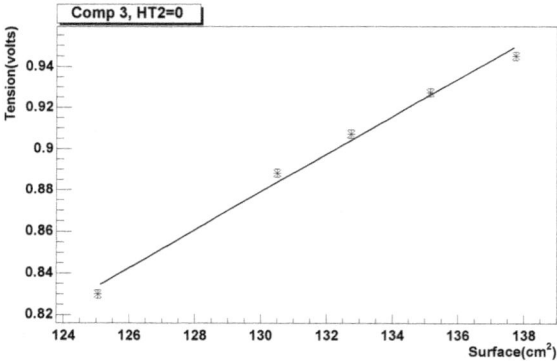

FIG. 3.15 – *Amplitude du signal de sortie du compartiment 3 en fonction de la surface, à 1 Hz, bus HT2 à la masse.*

Calcul de la permittivité du diélectrique

En vu d'automatiser les diagnostics de ce test, nous devons calculer les seuils d'amplitude attendus pour chaque voie. Nous avons à notre disposition les valeurs de surface pour chaque cellule. Le seul paramètre mal connu est la permittivité ε_r entre couches interne et externe. Le diélectrique est constitué d'un sandwich de colle et de kapton, et nous ne disposons pas de valeur précise de leur permittivité respective. Par conséquent, on détermine expérimentalement une valeur moyenne par unité de longueur de ce paramètre.

Pour éviter d'éventuels problèmes liés à des inhomogénéités locales du milieu, on somme tous les signaux des trois compartiments de l'électrode. La deuxième face HT est laissée flottante. On mesure ainsi la capacité correspondant à un secteur entier pour un côté de l'électrode, comme le montre la figure 3.16.

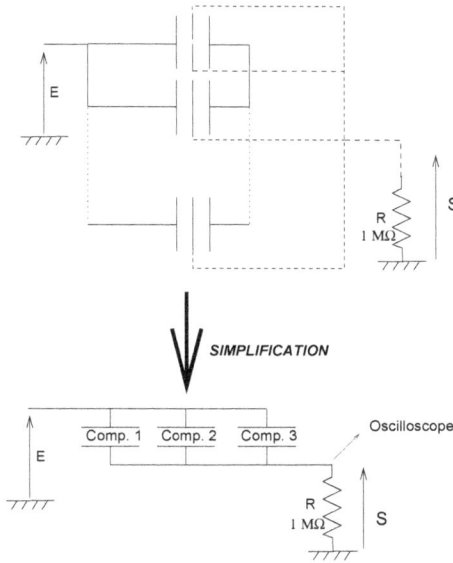

FIG. 3.16 – *Schéma équivalent du test TBF à 1 Hz sur un secteur entier.*

Dans ce cas, le signal de sortie vaut :

$$S = \frac{E}{\sqrt{1 + 1/R^2C^2\omega^2}} \tag{3.5}$$

Les résultats avec E=20 V et une fréquence de 1 Hz sont donnés dans le tableau 3.1. La surface de ce secteur vaut 2342 cm^2. La différence entre les

Couche	Tension de sortie	Permittivité/unité de long.
1ere face	11,5 V	$5,40 \times 10^4$ m^{-1}
2eme face	11,9 V	$5,69 \times 10^4$ m^{-1}

TAB. 3.1 – *Permittivité par unité de longueur pour les deux couches de kapton.*

deux valeurs de permittivité par unité de longueur vient du fait que les deux milieux ne sont pas identiques (voir figure 2.18). On obtient une permittivité moyenne de 4,5 dans notre cas. Cette valeur est à rapprocher de la valeur de la constante diélectrique du kapton, de l'ordre de 3,9 [33].

A l'aide des paramètres des ajustements précédents, on détermine aussi ε_r/e. Par exemple, d'après la figure 3.14, la pente de la droite est égale au rapport tension/surface. Nous déduisons la permittivité relative avec la formule :

$$|S| = 2R\frac{\varepsilon_o\varepsilon_r \times surface}{e}\omega|E| \qquad (3.6)$$

En prenant le cas du compartiment 2, on obtient $\varepsilon_r/e = 5,6 \times 10^4$ m^{-1}, qui correspond à la valeur moyenne des deux couches.

Conclusion

Nous venons de montrer la faisabilité du test de continuité électrique dans les conditions imposées par le montage des modules. Notre compréhension du système nous a permis d'ajuster la fréquence de mesure à chacun des compartiments. Nous avons donc un test fonctionnel tout en ayant une durée de mesure, typiquement de quelques minutes par électrode aux fréquences choisies, compatible avec la durée d'assemblage du module.

3.3.2   Le test haute tension

Pour effectuer ce test, la couche interne de chaque électrode est mise à la masse par l'intermédiaire d'une résistance de 10 MΩ placée sur les cartes sommatrices. A l'aide d'une carte de haute tension, une tension de 1500 V dans l'air a été délivrée sur chacune des électrodes avec une rampe de 5 V/s. Le fonctionnement de cette carte a été testé dans des conditions proches de son usage final lors du montage du module-test. Toutes les fonctionnalités de la carte HT sont commandables avec le programme que j'ai écrit (voir figure 3.17). Les paramètres finaux du programme seront fixés lors du test sur le module prototype en fonction des besoins.

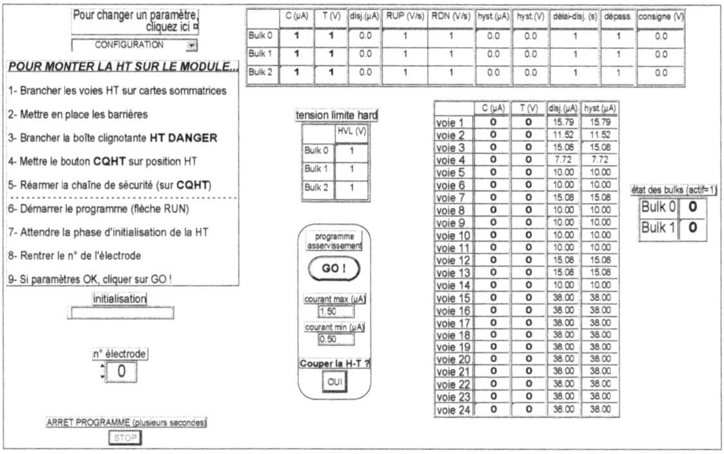

	C (µA)	T (V)	disj.(µA)	RUP (V/s)	RDN (V/s)	hyst.(µA)	hyst.(V)	délai-disj. (s)	dépass.	consigne (V)
Bulk 0	1	1	0.0	1	1	0.0	0.0	1	1	0.0
Bulk 1	1	1	0.0	1	1	0.0	0.0	1	1	0.0
Bulk 2	1	1	0.0	1	1	0.0	0.0	1	1	0.0

Pour changer un paramètre, cliquez ici o
CONFIGURATION

POUR MONTER LA HT SUR LE MODULE...

1- Brancher les voies HT sur cartes sommatrices

2- Mettre en place les barrières

3- Brancher la boîte clignotante **HT DANGER**

4- Mettre le bouton **CQHT** sur position HT

5- Réarmer la chaîne de sécurité (sur **CQHT**)

6- Démarrer le programme (flèche RUN)

7- Attendre la phase d'initialisation de la HT

8- Rentrer le n° de l'électrode

9- Si paramètres OK, cliquer sur GO !

initialisation

n° électrode 0

ARRET PROGRAMME (plusieurs secondes) STOP

tension limite hard HVL (V)

	HVL (V)
Bulk 0	1
Bulk 1	1
Bulk 2	1

programme asservissement GO !

courant max (µA) 1.50

courant min (µA) 0.50

Couper la H-T ? OUI

	C (µA)	T (V)	disj.(µA)	hyst.(µA)
voie 1	0	0	15.79	15.79
voie 2	0	0	11.52	11.52
voie 3	0	0	15.08	15.08
voie 4	0	0	7.72	7.72
voie 5	0	0	10.00	10.00
voie 6	0	0	10.00	10.00
voie 7	0	0	15.08	15.08
voie 8	0	0	10.00	10.00
voie 9	0	0	10.00	10.00
voie 10	0	0	10.00	10.00
voie 11	0	0	10.00	10.00
voie 12	0	0	15.08	15.08
voie 13	0	0	15.08	15.08
voie 14	0	0	10.00	10.00
voie 15	0	0	38.00	38.00
voie 16	0	0	38.00	38.00
voie 17	0	0	38.00	38.00
voie 18	0	0	38.00	38.00
voie 19	0	0	38.00	38.00
voie 20	0	0	38.00	38.00
voie 21	0	0	38.00	38.00
voie 22	0	0	38.00	38.00
voie 23	0	0	38.00	38.00
voie 24	0	0	38.00	38.00

état des bulks (actif=1)

Bulk 0	0
Bulk 1	0

FIG. 3.17 – *Interface de la carte Haute Tension sous LabVIEW.*

3.3.3 Mesure de la distance entre absorbeurs

Après une première série de mesures sur le module-test selon le principe exposé au paragraphe 3.2.5, différentes contraintes apparaîssent :

– il existe une grande dispersion des valeurs de résistances sérigraphiées sur les couches haute tension des électrodes qui entraîne une variation de la valeur de capacité mesurée en fonction de la fréquence (voir figure 3.18). En revanche, une mesure de capacité sur l'avant en coupant la résistance sérigraphiée entre les compartiments 1 et 2 met en évidence le fait que la mesure devient indépendante de la fréquence. Il est impératif de s'affranchir de l'effet de ces résistances.

– 532 câbles sont nécessaires si nous souhaitons une mesure par cellule et par électrode. Le nombre de manipulations devient excessif, et cette solution implique une augmentation du coût et de la durée des tests.

– la grande longueur des câbles ($\simeq$ 10 mètres) introduit une capacité parasite supplémentaire importante, d'environ 100 pF/m pour des câbles d'impédance caractéristique 50 Ω. Le schéma de principe est donné sur la figure 3.19. En prenant un câble coaxial d'environ 3 mètres, on

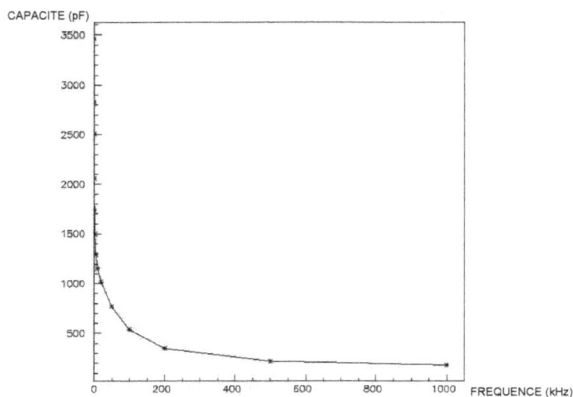

FIG. 3.18 – *Variation de la valeur de la capacité mesurée en fonction de la fréquence pour les cellules avant.*

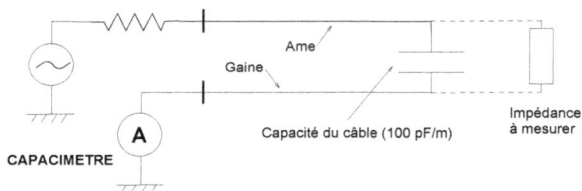

FIG. 3.19 – *Mesure avec un seul câble coaxial.*

mesure en l'absence de charge une capacité de 290 pF. Ceci n'est pas acceptable pour des mesures de précision sur des cellules de quelques centaines de pF.

Pour s'affranchir de ces différents problèmes, on a retenu la solution suivante :

– pour éviter le problème de la variation de la capacité à basse fréquence ou observer les effets introduits par les fluctuations des résistances sérigraphiées, on décide de mesurer les trois compartiments en parallèle. On obtient le dispositif de la figure 3.20.

– on mesure la capacité par secteur de $\Delta\eta = 0{,}2$ pour diminuer le nombre de câbles. On somme les voies en η sur les trois compartiments.

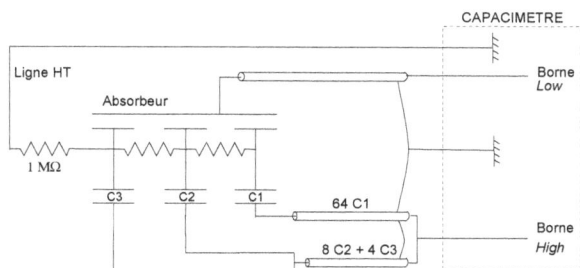

FIG. 3.20 – *Mesure de la capacité entre électrode et absorbeur par secteur.*

– on utilise une paire de câbles blindés connectés à l'impédance à mesurer. Dans l'âme de ces câbles circule le courant de mesure, les tresses de
masse étant reliées à la masse du capacimètre. Une deuxième paire de
câbles coaxiaux permet une mesure de tension aux bornes de l'impédance à mesurer. C'est le principe du montage 4 points donné sur
la figure 3.21. Le blindage des conducteurs sert de chemin de retour

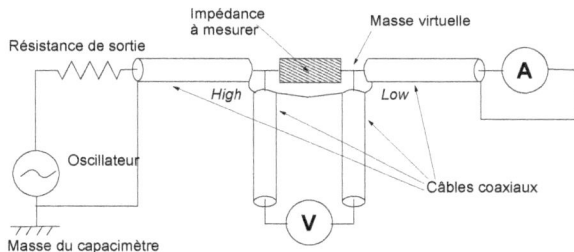

FIG. 3.21 – *Principe de la mesure 4 points.*

au courant du signal de mesure. Le même courant circule dans l'âme
et dans le blindage du câble dans des directions opposées, donc les
champs magnétiques produits par le courant dans le conducteur central et le courant dans le blindage s'annulent mutuellement. Il n'y a par
conséquent aucun champ magnétique externe autour des conducteurs.
Comme le courant de mesure ne crée pas de champ magnétique induit, les câbles n'introduisent pas d'effets parasites du type inductance
mutuelle par exemple. On devient sensible uniquement à la somme des

impédances de la capacité entre électrode et absorbeur et de la capacité
de découplage. La capacité de découplage étant de l'ordre de 100 fois
la capacité électrode-absorbeur, on néglige son impédance.

Dans cette configuration (figure 3.20), il reste à déterminer la fréquence de
travail la plus adaptée. En faisant varier la fréquence entre 10 kHz et 100 kHz,
on observe que la mesure de la capacité des trois compartiments en parallèle reste stable (variations inférieures à 1%). Quand la fréquence approche
1 MHz, le système devient sensible à des effets parasites. Ils sont dus à l'effet inductif des câbles. Si on modélise le câble par une capacité en parallèle
(100 pF/m) et une inductance en série (250 nH/m), on obtient le schéma de
la figure 3.22.

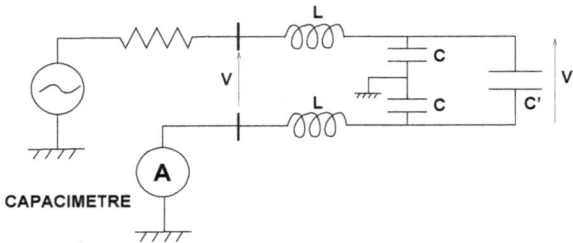

FIG. 3.22 – *Mesure avec deux câbles coaxiaux à haute fréquence.*

Le rapport V/V' est donné par la formule 3.7 :

$$V/V' = 1 + L(C + 2C')w^2 \qquad (3.7)$$

Si on considère une dizaine de mètres de câbles entre le capacimètre et le
calorimètre, avec une capacité C' de $\sim$ 1 nF, l'effet inductif passe de 0,3% à
100 kHz, à 30% pour une fréquence de 1 MHz. La fréquence la plus adaptée
résulte donc d'un compromis situé autour de 100 kHz, en considérant qu'une
fréquence élevée permet un test plus rapide.

De cette manière, on peut contrôler la distance entre absorbeurs secteur
par secteur et déterminer la qualité de l'assemblage mécanique, grâce à une
mesure de capacité stable à 0,1%.

3.3.4   Le test mesure de la capacité des cellules

Optimisation de la carte TPA

Sur un plan expérimental, la méthode de mesure décrite au paragraphe
3.2.6 comporte des imperfections qui introduisent un biais systématique. En

effet, le signal d'injection n'est pas un véritable créneau (voir figure 3.23), et d'autre part, la ligne de transmission, imparfaite, atténue le signal.

Le signal en sortie du système, même sans capacité détecteur, possède un temps de montée simulant une capacité parasite. Ce problème ne semble pas gênant car on s'intéresse aux valeurs relatives des capacités des cellules. Pour diminuer le bruit, ce signal doit être moyenné, augmentant le temps de mesure. On choisit alors une fréquence plus élevée pour le signal d'entrée (200 Hz). Néanmoins, cette fréquence est limitée par la puissance maximale tolérée (1/4 Watt) par les résistances d'adaptation d'impédance, à l'entrée des cartes mères. Ceci conduit à modifier la carte TPA en plaçant en sortie de voie une capacité en série. Ainsi, au lieu d'avoir un plateau de plusieurs centaines de micro-secondes après le front de montée, le signal retombe très rapidement à zéro, dissipant moins de puissance dans les résistances d'injection. La valeur de cette capacité doit néanmoins permettre d'atteindre l'amplitude maximale : 200 nF est une valeur convenable.

Simulation de la carte TPA

En regardant le signal d'entrée du système, on constate à l'oscilloscope la présence d'un petit pic parasite visible sur la figure 3.23. Pour expliquer

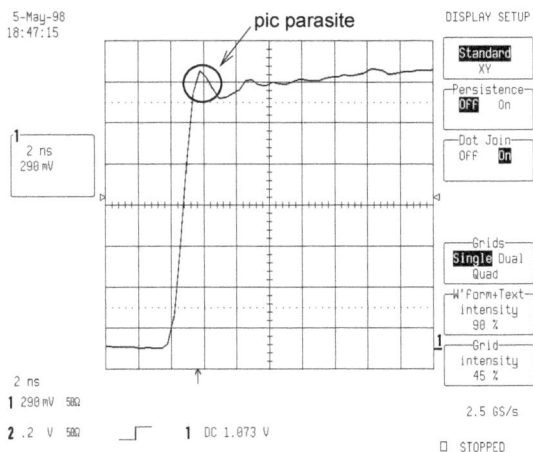

FIG. 3.23 – *Signal généré par la carte TPA.*

ce pic, nous simulons le circuit de la carte TPA. Le schéma de simulation, obtenu à partir des logiciels[5] *Concept* et *AWB*, est donné figure 3.24. La

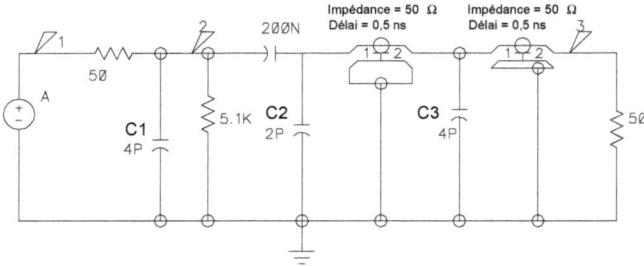

FIG. 3.24 – *Schéma de simulation d'une voie de la carte TPA.*

capacité C1 représente la capacité des contacts sur chaque patte du relais (2 pF + 2 pF). La ligne de transmission de 0,5 ns correspond à la piste sur le circuit imprimé qui relie la sortie du relais à la face avant de la carte. La capacité C3 correspond essentiellement au plot de contact et à la soudure du câble sur la carte.

Le résultat de la simulation est présenté sur la figure 3.25. On arrive à

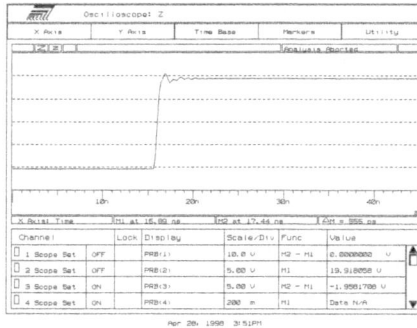

FIG. 3.25 – *Résultat de la simulation de la carte TPA.*

---

5. Logiciels de la société Cadence pour la réalisation et la simulation de schémas d'électronique.

reproduire le pic parasite principal suivi de petites oscillations qui décrivent le signal observé. Ce pic est expliqué par des capacités parasites de quelques pF au niveau du relais à mercure et du connecteur de sortie. En jouant sur les paramètres du circuit, on met en évidence les facteurs qui contribuent le plus à ce pic. Ainsi, le temps de montée du signal est déterminant pour le signal en sortie de carte. Dans le cas de la carte TPA, l'utilisation d'un relais à mercure pour générer le front montant interdit toute possibilité de réglage. Au niveau du relais lui-même, le signal monte en 500 ps environ, ce qui nécessite une adaptation parfaite des lignes de transmission. Un signal plus « lent » sera donc moins critique. D'autre part, la qualité du contact en sortie de carte contribue à l'apparition du pic parasite. La séparation signal-masse en deux plots de contact induit une capacité parasite. Cette rupture d'impédance est 'critique à la fréquence utilisée, de l'ordre du GHz. Nous verrons par la suite que ces imperfections ne sont pas pénalisantes, grâce à l'introduction du filtrage numérique (voir page 72).

En revanche, un effet plus critique vient de la non-uniformité des relais eux-mêmes. Pour un bon nombre d'entre eux, la rupture de la goutte de mercure ne s'effectue pas toujours proprement, conduisant à des décrochements du signal d'injection. L'incidence sur le signal de sortie est la modification du temps de montée et/ou une variation de l'amplitude du plateau. Ces effets sont mis en évidence sur la figure 3.26. Ceci a conduit à définir un critère de

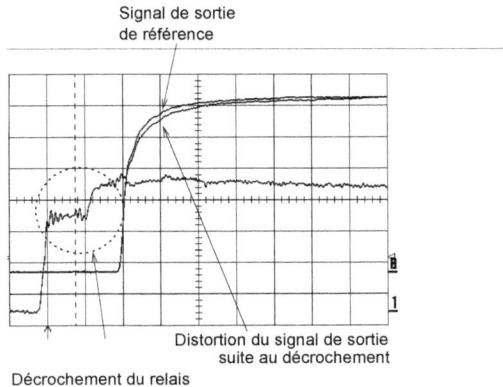

FIG. 3.26 – *Décrochement du signal d'entrée (marche d'escalier dans le créneau) et influence sur le signal de sortie, comparé à un signal correct.*

rejet sur le signal d'entrée, pour ne prendre en compte dans la moyenne du signal de sortie que les bons signaux.

Enfin, en étudiant une carte TPA complète, à savoir 64 voies, nous constatons que l'amplitude du créneau varie de près de 5% entre certaines voies. De plus, pour une voie donnée, ces amplitudes peuvent être plus ou moins stable dans le temps. La figure 3.27 illustre deux cas extrêmes. Les meilleures voies

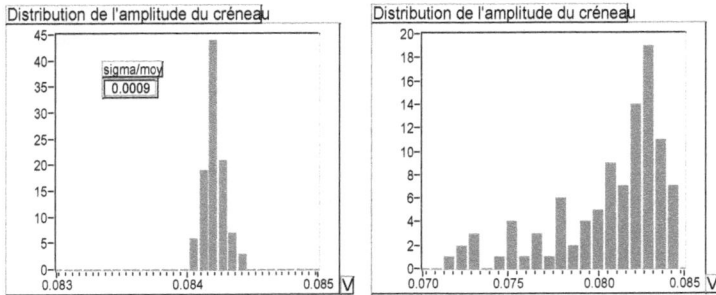

FIG. 3.27 – *A gauche, exemple d'une voie stable (histogramme sur 100 mesures). A droite, exemple d'une voie instable.*

sont stables à mieux que 0,1% sur 100 mesures, tandis que les mauvaises avoisines 3%. Pour comparer les voies entre elles, il conviendra de se normaliser par rapport au plateau du signal de sortie.

Effets parasites introduits par le multiplexeur

La chaîne complète intègre un multiplexeur (MUX) pour lire les voies du détecteur, qui, de part sa conception, introduit une capacité parasite. Cette carte introduit une désadaptation du circuit qui provoque des réflexions. Le signal en sortie subit alors une distorsion qui perturbe notablement la mesure de la capacité des cellules. Les tests ont été réalisés avec un générateur de fonctions fournissant un signal carré de très bonne qualité à une fréquence de 1 kHz, de 5 V d'amplitude et de 2 ns de temps de montée. On obtient le dispositif décrit sur la figure 3.28.

On étudie la linéarité du multiplexeur en utilisant un jeu de capacités (composants discrets) allant de 123 pF à 1150 pF. Ceci permet de s'affranchir des effets parasites dus au module lui-même et de n'étudier que l'influence de la carte MUX. Ces valeurs de capacité reproduisent la dispersion des

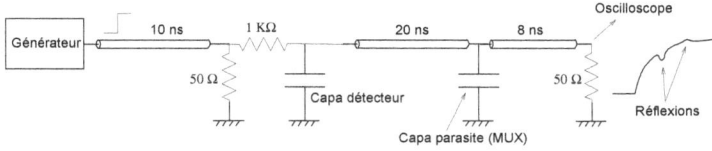

FIG. 3.28 – *Mesure de capacité avec le MUX.*

valeurs de capacité des cellules d'un module. La figure 3.29 donne les résultats
obtenus par la méthode du temps de montée en fonction des valeurs obtenues
au capacimètre, sans et avec la carte multiplexeur. La dispersion est 3 fois plus

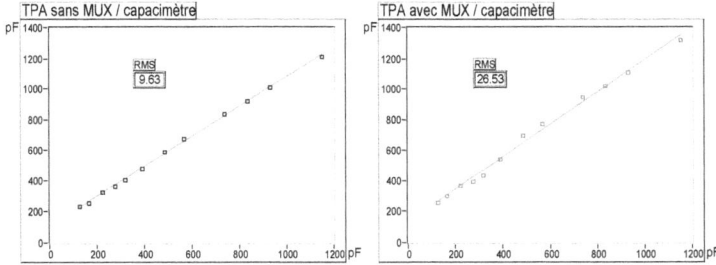

FIG. 3.29 – *Etude de la chaîne sans et avec multiplexeur.*

grande avec le multiplexeur. De plus, on constate que le multiplexeur n'a pas
le même comportement en fonction de la valeur de la capacité mesurée. En
fait, pour de fortes valeurs de capacités (> 500 pF), les réflexions introduites
par le MUX sont lissées. On se situe dans une zone plus linéaire que pour les
faibles valeurs car le système est moins sensible aux réflexions.

Pour remédier à cet effet, on a d'une part modifié l'architecture de la carte
pour minimiser la capacité parasite : une répartition des relais en deux étages
au lieu de un a permis de diviser cette capacité par un facteur quatre. D'autre
part, j'ai mis en œuvre un filtre numérique pour m'affranchir des réflexions.
En effet, une première approche cherchant à ajuster la courbe avant filtrage
en tenant compte des différents effets parasites s'est avérée infructueuse. Le
nombre trop important de paramètres ainsi que leurs variations d'une cellule
à l'autre est incompatible avec un test automatique.

Mise en œuvre d'un filtrage numérique

L'idée est de se placer sur une partie du signal non perturbée, pour éviter les effets basse et haute fréquence ainsi que la distorsion due aux réflexions. Dans cette étude, on garde le principe de mesure décrit sur la figure 3.8. On effectue une moyenne sur le signal de sortie, mais on transfère sur le PC les 250 échantillons décrivant le signal. Un filtre numérique, du type $CR-RC^2$ utilisé dans la chaîne d'acquisition d'ATLAS (voir [34]), est appliqué par logiciel à cette courbe. La figure 3.30 montre l'application de ce filtrage sur un signal de charge capacitive. Son utilisation permet de s'affranchir des parasites mis

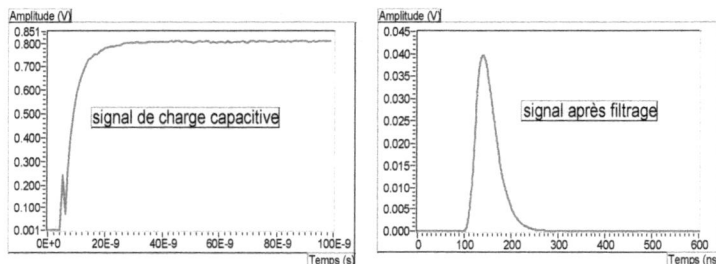

FIG. 3.30 – *Exemple d'un signal avant et après filtrage numérique ($\tau_{shap} = 13$ ns).*

en évidence précédemment. L'amplitude du signal mis en forme dépend de la valeur de la capacité.

La fonction de transfert du filtre est donnée par la relation suivante [34] :

$$H(p) = \frac{\tau_{shap}p}{(1 + \tau_{shap}p)^3} \text{ avec } \tau_{shap} = RC \quad (3.8)$$

En prenant la transformée de Laplace inverse, on obtient :

$$h(t) = \frac{1}{2}\left(2\frac{t}{\tau_{shap}} - \left(\frac{t}{\tau_{shap}}\right)^2\right)e^{-t/\tau_{shap}} \quad (3.9)$$

Mathématiquement, l'opération de mise en forme correspond à une convolution du signal échantillonné avec la fonction du filtre :

$$\left(1 - e^{-t/\tau_{calo}}\right) \otimes \left[\left(2\frac{t}{\tau_{shap}} - \left(\frac{t}{\tau_{shap}}\right)^2\right)e^{-t/\tau_{shap}}\right] \rightarrow mise \ en \ forme \quad (3.10)$$

On a $\tau_{calo} = R_0 C_d$, où R_0 est l'impédance caractéristique du câble signal et C_d la capacité de la cellule.

La chaîne de mesure est étalonnée en utilisant des capacités discrètes allant de 100 pF à 2 nF que l'on mesure à 0,1% au capacimètre. On ajuste les valeurs obtenues au moyen d'un polynôme qui donne l'évolution de la capacité en fonction de l'amplitude. On prend un autre lot de capacités dans la plage de valeurs considérée et on regarde l'écart obtenu par rapport à la valeur donnée au capacimètre. Les résultats sont présentés sur la figure 3.31. Sur le graphique de droite, chaque point étant le résultat d'une moyenne sur

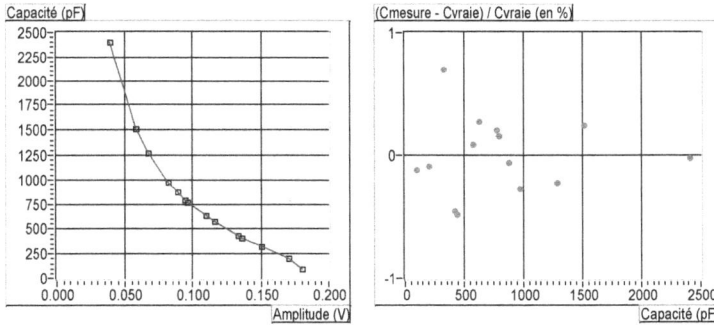

FIG. 3.31 – *Capacité en fonction de l'amplitude, et précision obtenue sur un lot de capacités étalonnées.*

20 signaux, nous obtenons une erreur de 0,1% sur la mesure, pour une voie donnée.

On obtient une mesure de capacité à une précision inférieure au pourcent. Les problèmes rencontrés, tels que les réflexions dues au MUX ou les parasites venant de TPA, sont résolus grâce au filtrage. Le principe a été validé sur la plage de valeurs des cellules d'un module. L'étape suivante consiste à mettre en œuvre cette méthode sur les cellules du calorimètre.

3.3.5 Etude de la diaphonie

La mesure de la diaphonie est également réalisée avec la carte TPA. L'étude porte sur deux cellules adjacentes du compartiment avant. L'amplitude du signal de la cellule excitée vaut 280 mV (voir figure 3.32), tandis que l'amplitude du signal de diaphonie de la cellule adjacente vaut 16 mV (voir figure 3.33). On schématise la diaphonie par une capacité reliant deux

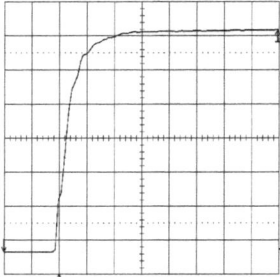

FIG. 3.32 – *Réponse d'une cel-*
lule à un créneau.

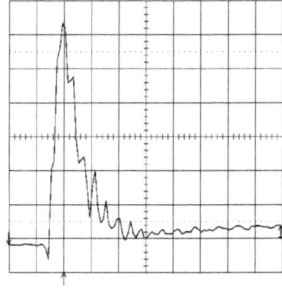

FIG. 3.33 – *Signal de diaphonie*
de la cellule adjacente.

voies adjacentes comme le montre la figure 3.34. On calcule la réponse im-

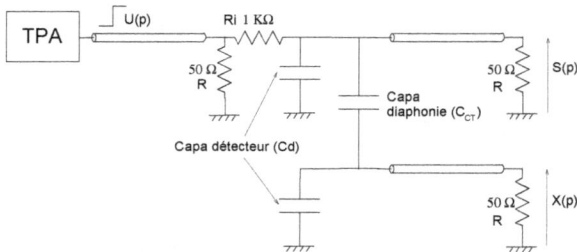

FIG. 3.34 – *Schéma équivalent montrant la diaphonie entre deux voies adja-*
centes.

pulsionnelle d'une cellule en passant par les transformées de Laplace. On a :
- en entrée :

$$U(p) = \frac{U_0}{p} \text{ avec } U_0 = 6 \text{ Volts} \tag{3.11}$$

- en sortie :

$$S(p) = \frac{\frac{U_0}{R_i C_d}}{p\left(p + \frac{R+R_i}{RR_i C_d}\right)} \tag{3.12}$$

On en déduit l'évolution en temps :

$$S(t) = \frac{R}{R + R_i} U_0 (1 - \exp(-t/\tau)) \text{ avec } \tau = \frac{R R_i C_d}{R + R_i} \qquad (3.13)$$

Le signal de diaphonie est donné par la relation :

$$X(t) = \frac{R C_{CT} U_0}{R C_d + (R + R_i) C_{CT}} (\exp(-t/\tau') - \exp(-t/\tau)) \qquad (3.14)$$

$$\text{avec } \tau = \frac{R R_i C_d}{R + R_i} \text{ et } \tau' = R(C_d + C_{CT})$$

On mesure la constante de temps $\tau = 11{,}15$ ns et on en déduit la capacité détecteur $C_d = 234$ pF. De l'amplitude du signal de diaphonie $X_{max} = 16$ mV on extrait la capacité de diaphonie $C_{CT} = 35$ pF.

D'après [35, §2.2.1], la capacité de couplage entre deux cellules du compartiment 1 vaut 0,27 pF/cm. Sur le prototype RD3, les bandes mesurent environ 16 cm, et sont sommées par huit en Φ. On obtient une capacité totale de 34,5 pF, en très bon accord avec la valeur mesurée.

Grâce au test TPA, nous sommes donc capables d'étudier à la fois la réponse des cellules excitées, mais également de déterminer la diaphonie avec les cellules voisines, mettant en évidence tout comportement anormal au sein de notre détecteur. Le problème peut venir d'une erreur de câblage, ou encore d'un défaut sur la surface d'une électrode.

3.4 Conclusion

Nous venons de présenter dans ce chapitre l'importance du banc de tests à chaque étape de la construction des modules du calorimètre électromagnétique. Ce jeu de tests permet de vérifier les fonctionnalités d'un module, et par la suite donne la possibilité d'étudier l'uniformité des modules entre eux. On contrôle la géométrie, la continuité du circuit électrique, la tenue à la haute tension, le câblage et la réponse des cellules.

Ces tests, après mise au point sur un pré-prototype, se révèlent être efficaces par rapport au cahier des charges des modules définitifs. En dépit des imperfections présentes sur les cartes de test dues à un budget relativement serré, celles-ci répondent aux besoins mentionnés. Les principales difficultés rencontrées ont été résolues en cherchant à se rapprocher le plus possible de la configuration finale. En effet, la conception du détecteur définitif, le nombre de voies,... diffèrent du module-test utilisé. Il reste alors une étape de validation des méthodes sur un prototype à l'échelle 1 avant de passer à la phase de production. De plus, en vue d'une automatisation des mesures, il est indispensable d'écrire tous les programmes de tests. Les résultats de l'ensemble des tests sur ce prototype sont présentés au chapitre suivant.

Chapitre 4

Les tests sur le module prototype

Ces tests concernent les modules du calorimètre tonneau. Le module construit et testé au LAPP en 1998 correspond au premier prototype d'un module du calorimètre à l'échelle 1. Ce module que l'on appellera par la suite module 98 utilise matériaux, outils et techniques développés pour les modules définitifs. La description du câblage est donnée dans la note [36]. La principale différence avec un module définitif vient en fait des électrodes prototypes qui nécessitent quelques améliorations. Ce module était composé de 16 électrodes A et 7 électrodes B (voir tableau 4.1). Ce module a essen-

Nbre de plans ($\Phi \nearrow$)	Electrode A	Electrode B
4	non	non
8	oui	non
7	oui	oui
1	oui	non
44	non	non

TAB. 4.1 – *Emplacement des électrodes du module 98.*

tiellement permis la mise au point de l'assemblage mécanique, du câblage, et des programmes de tests.

Une campagne de tests en faisceau a eu lieu sur un deuxième module prototype, le module 99, dont l'objectif cette fois était d'étudier l'uniformité de la réponse des cellules avec un faisceau test au CERN de bonne qualité. Sur ce module, nous avons bénéficié d'électrodes prototypes plus proches de la configuration définitive. Le module 99 est composé de 43+4 électrodes A et 52+2 électrodes B avec la répartition donnée au tableau 4.2. Les 16 électrodes du cœur correspondent aux meilleures électrodes du module, comportant peu de problèmes de court-circuits et avec des valeurs de résistances sérigraphiées acceptables. Par la suite, on fera référence à l'un ou l'autre module, tous deux

Nb de plans ($\Phi \nearrow$)	Elect. A	Elect. B	Remarques
1	oui	oui	A et B : rôle mécanique
3	non	non	
10	non	oui	
3	oui	oui	A : rôle mécanique
4	non	oui	
11	oui	oui	
16	oui	oui	région du cœur
8	oui	oui	
7	oui	non	
1	oui	oui	B : rôle mécanique

TAB. 4.2 – *Emplacement des électrodes du module 99.*

ayant permis la mise au point des mesures et des améliorations logicielles et matérielles notables sur le banc de tests. Une version complète de ce banc est représentée sur la figure 4.1.

FIG. 4.1 – *Photographie du banc de tests.*

4.1 Tests à l'assemblage

4.1.1 Le test de continuité électrique

Les mesures présentées dans ce paragraphe ont été réalisées sur le module 99.

Problème des résistances sérigraphiées

Si le principe général de ce test reste inchangé par rapport à la présentation donnée au paragraphe 3.2.3, il a néanmoins évolué pour tenir compte des caractéristiques des nouvelles électrodes. En effet, les électrodes des modules 98 et 99 présentent toutes deux des différences importantes au niveau des caractéristiques des résistances sérigraphiées par rapport au cahier des charges. La valeur de la résistance équivalente entre le bus haute tension et le compartiment 1 vaut plusieurs dizaines, voire plusieurs centaines de $M\Omega$, valeur largement supérieure à celle attendue (voir §2.3.4). Le graphique de la figure 4.2 présente un exemple de l'évolution de la valeur de cette résistance en η pour une électrode donnée. De plus, ces résistances, au comportement

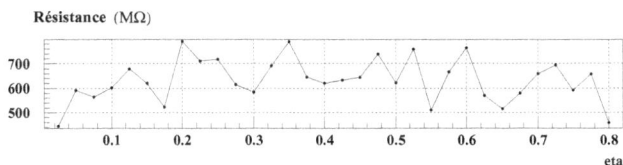

FIG. 4.2 – *Valeur de résistance entre bus HT et compartiment 1 en fonction de η.*

parfois anormal, induisent des distorsions sur le signal sinusoïdal injecté dans le système lors du test à basse fréquence.

Adaptation de la méthode

Ces différents problèmes ont conduit à modifier les conditions du test en adaptant la fréquence. Pour accepter des caractéristiques changeantes sur des électrodes prototypes, il est indispensable d'avoir un générateur sinusoïdal à fréquence variable. Pour automatiser le test, cette fréquence doit être programmable. Une carte supplémentaire a été réalisée qui permet de générer un signal de fréquence variable. Ce projet et sa réalisation sont détaillés en annexe A.

Lors de la mise au point de ce test sur les électrodes du module-test RD3 (voir §3.3.1), on a montré qu'à basse fréquence ($\sim$5 Hz), l'amplitude du signal de sortie était proportionnelle à la capacité (voir formule 3.4). En pratique, sur ces électrodes, la dispersion des valeurs de résistance est telle qu'il faudrait adapter la fréquence du test pour chaque voie, afin de se placer dans un domaine purement capacitif. Ceci est évidemment incompatible avec un test automatique. Un moyen de résoudre le problème est de travailler avec deux fréquences différentes pour extraire la partie capacitive de notre système. Bien entendu, il faut travailler à suffisamment basse fréquence pour se placer dans les conditions de notre schéma équivalent (voir schéma sur la figure 4.3). Ces conditions sont vérifiées en utilisant le déphasage entre les

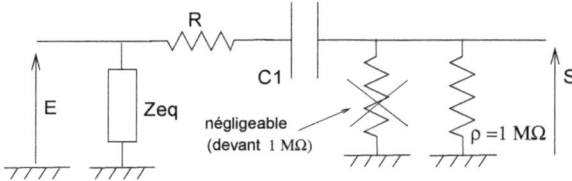

FIG. 4.3 – *Schéma équivalent du test TBF sur les électrodes prototypes. C_1 représente la capacité de la voie testée, R la résistance équivalente entre le bus HT et le compartiment 1, et ρ la résistance d'entrée de l'oscilloscope.*

signaux d'entrée et de sortie. Par rapport aux deux configurations étudiées au paragraphe 3.3.1, nous sommes dans le cas où l'une des deux faces est à la masse grâce à la carte TBF. Ceci présente l'avantage de pouvoir étudier les deux couches externes séparément.

Avec ces électrodes, il n'est plus possible de négliger R devant C_1. On obtient en sortie un signal d'amplitude S :

$$S = \frac{\rho}{\rho + R + 1/jC_1\omega}E \tag{4.1}$$

En utilisant deux fréquences, on extrait la capacité de la voie mesurée :

$$C = \sqrt{\frac{\left(1/\omega_1\right)^2 - \left(1/\omega_2\right)^2}{\rho^2 \left(\left(|E_1|/|S_1|\right)^2 - \left(|E_2|/|S_2|\right)^2\right)}} \tag{4.2}$$

Mise en œuvre de la méthode

La figure 4.4 montre un exemple de profil obtenu sur les cellules [1] avant et arrière d'une électrode pour une face donnée. L'évolution de la capacité,

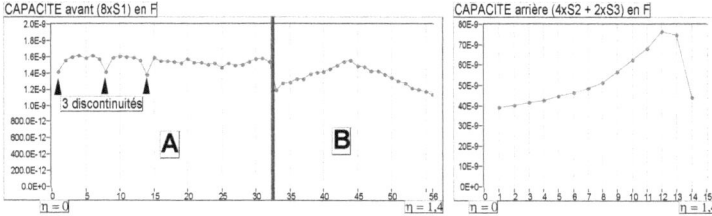

FIG. 4.4 – *Evolution de la capacité des cellules avant et arrière en fonction du numéro de canal de mesure pour une face donnée.*

conforme aux prévisions dans son ensemble, présente néanmoins trois discontinuités visibles sur le graphique des capacités de l'avant (voies 1, 8 et 14 en η). Regardons l'origine de ces variations :

1. La première discontinuité est expliquée par le dessin des électrodes. A $\eta = 0$, pour bénéficier d'un petit jeu entre les deux demi-tonneaux, la première bande a été supprimée. Ainsi la première cellule a systématiquement une bande en moins. On vérifie sur la figure 4.4 que la cellule 1 vaut 1,4 nF au lieu de 1,6 nF. Cette diminution de capacité de 1/8 illustre la sensibilité de la méthode. Pour chaque électrode, cette caractéristique technique nous sert à valider le test.

2. En revanche, les deux autres cellules présentant une bande en moins sont réellement défectueuses. On vérifie à l'oscilloscope, après déconnection des cartes sommatrices temporaires, quelle est la bande coupée. La coupure est soit au niveau de la résistance sérigraphiée entre les compartiments 1 et 2, soit au niveau du connecteur de sortie.

Comparaison des résultats

Dans la logique des tests, ces mesures sont à rapprocher de celles réalisées sur les électrodes elles-mêmes, avant et après pliage, où la capacité de chaque

---

1. A l'assemblage, une cellule de l'avant est un groupe de huit bandes du compartiment 1 en η et une cellule de l'arrière un groupe de quatre bandes du compartiment 2 avec deux bandes du compartiment 3.

bande est mesurée [37]. La figure 4.5 donne la capacité des bandes des trois compartiments pour les deux faces de l'électrode A étudiée.

Electrode A 103 - MCB - date: 01-99

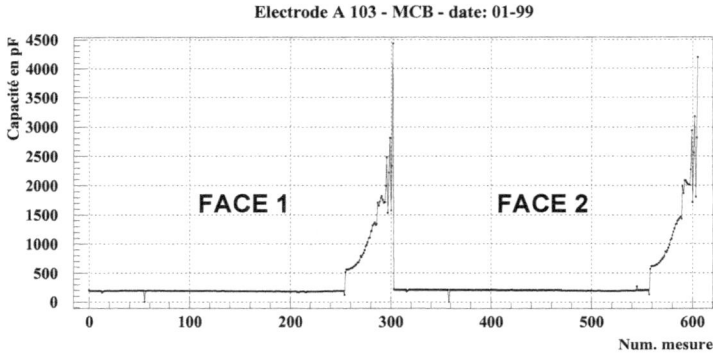

FIG. 4.5 – *Evolution de la capacité des bandes des trois compartiments pour les deux faces de l'électrode A en fonction du numéro de mesure.*

Sur l'avant, la valeur moyenne, autour de 200 pF pour une bande, est en accord avec les résultats donnés par le test TBF. Sur cette figure, une seule valeur nulle apparaît, présente sur les deux faces. Il est donc très probable que la coupure se situe au niveau du connecteur, c'est-à-dire sur la couche interne. Cette voie fait partie de la cellule 8 sur le graphe 4.4. Quant à la deuxième bande absente de la cellule 14, elle est probablement survenue pendant une opération de manipulation ou de câblage.

De même, la figure 4.6 donne la capacité des bandes du compartiment 1 pour l'électrode B. On retrouve l'évolution de la figure 4.4, y compris le décrochement entre les deux premières bandes, la première bande ayant une surface volontairement réduite.

En conclusion, les mesures réalisées en amont sur les électrodes permettent de les trier pour garantir leur qualité avant le montage. Le test de continuité électrique est indispensable pour signaler un défaut provenant d'une mauvaise manipulation d'une électrode durant l'assemblage par exemple. Ces deux tests sont cohérents entre eux et permettent un diagnostic fiable.

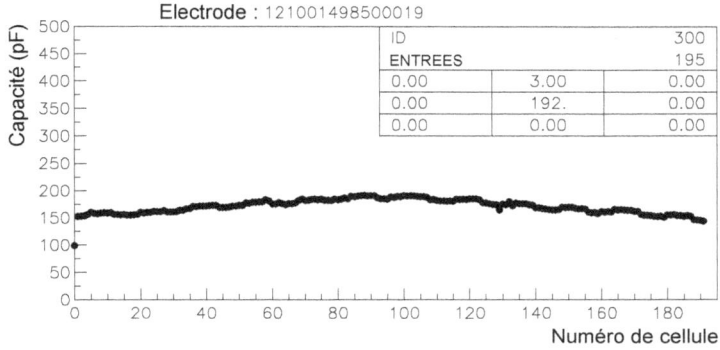

FIG. 4.6 – *Evolution de la capacité des bandes du compartiment 1 pour une face de l'électrode B en fonction du numéro de mesure.*

Exploitation des résultats

Les tests ont été effectués sur les électrodes du cœur. Le résumé de toutes les voies fonctionnelles sur l'avant et l'arrière est donné sur les figures 4.7 et 4.8. Il permettra par la suite d'interpréter certains problèmes en faisceau

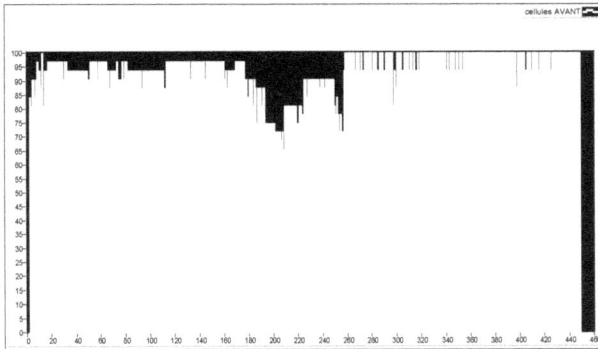

FIG. 4.7 – *Pourcentage de voies fonctionnelles sur l'avant en fonction de η, sur les électrodes du cœur.*

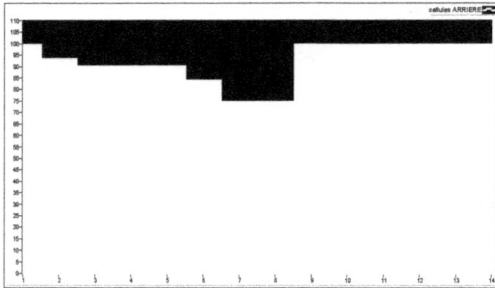

FIG. 4.8 – *Pourcentage de voies fonctionnelles sur l'arrière en fonction de η, sur les électrodes du cœur.*

test, puisque ces voies ne seront pas alimentées en haute tension. Une voie est considérée comme non viable si le signal TBF en sortie est nul, trop bruité ou s'il comporte un déphasage positif par rapport au signal d'entrée. Ce dernier point a été mis en évidence et se retrouve souvent associé aux phénomènes de bruit et/ou de non-linéarités (voir figure 4.9). Tous les problèmes évoqués

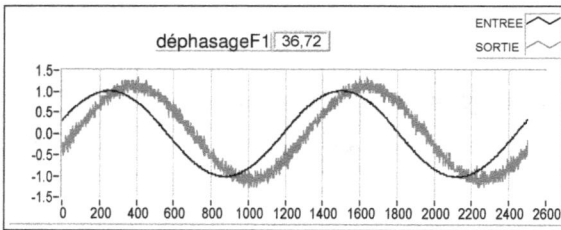

FIG. 4.9 – *Exemple de signal de sortie bruité et déphasé positivement par rapport au signal d'entrée (amplitude des courbes normalisées à 1).*

précédemment semblent être liés aux résistances sérigraphiées, ou tout au moins à la jonction résistance - cuivre de l'électrode. Dans ces conditions, même si un signal est présent en sortie de voie, on ne peut pas obtenir une mesure cohérente. Ces cellules au comportement atypique ne sont donc pas à prendre en compte.

Bilan du test de continuité électrique sur le module 99

Des différences importantes se sont dégagées lors des tests entre les électrodes de type A et B, et entre les faces externes HT1 et HT2. D'une part, deux firmes de fabrication fournissent les électrodes, entraînant des disparités dans les procédés de fabrication, et d'autre part, une des deux faces est systématiquement meilleure. Ce dernier point est cohérent avec les mesures faites en amont sur les électrodes pliées au LPNHE [37, § 3.2.4]. Pour toutes les électrodes et quelque soit le constructeur, la valeur moyenne des résistances est différente entre les deux faces. Cette caractéristique est due au nombre différent d'étapes de séchage entre les deux faces lors de la sérigraphie. On note également, d'après les figures 4.7 et 4.8 la différence de qualité entre électrodes A et électrodes B. Le zéro défaut, du point de vue continuité du circuit électrique, est presque atteint côté B.

A la suite d'études systématiques sur les encres utilisées pour déposer ces résistances, la valeur de ces dernières est conforme au cahier des charges. Ces électrodes prototypes ont néanmoins montré la validité et la sensibilité de notre test.

Effet des valeurs de résistances sur le signal

Nous venons de voir les disparités actuelles sur les valeurs de résistances sérigraphiées. Ceci nous conduit, indépendamment d'autres problèmes tels que les courts-circuits ou les coupures, à définir des critères de rejet lors de l'assemblage des futurs modules. En effet, un écart important des valeurs de résistance par rapport aux valeurs nominales a des répercussions notables sur les performances du calorimètre. Les valeurs de ces résistances viennent d'un compromis entre la protection de l'électronique de lecture, la minimisation de la diaphonie, et la chute de tension induite à haute intensité. D'après le tableau 2.2, on tolère une contribution au terme constant venant des fluctuations de haute tension inférieure à 0,1%. La chute de tension le long de l'électrode en profondeur dépend de la valeur des résistances sérigraphiées. Calculons alors la valeur maximale tolérée sur la résistance équivalente pour répondre au critère précédent.

Le signal de sortie est proportionnel au courant initial $I(0)$. La vitesse de dérive des électrons d'ionisation dans l'argon liquide n'étant pas saturée, la diminution de ce courant, suite à une chute de tension ΔV, est donnée par la relation ci-dessous à épaisseur fixée :

$$\frac{\Delta I(0)}{I(0)} = c \frac{\Delta V}{V} \qquad (4.3)$$

avec $c \sim 1/3$ et $V = 2000$ V. Cette relation est obtenue avec un raisonnement similaire à celui conduisant à l'équation B.5 en annexe. La chute de tension maximale est donnée par :

$$\Delta V_{max} = \frac{R_{eq}I_{tot}}{(nb\ elec.\ en\ \Phi) \times (nb\ cell.\ en\ \eta)} = \frac{R_{eq}I_{tot}}{32 \times 8} \qquad (4.4)$$

Le nombre de cellules en η donné ici correspond au nombre de chaînes de résistances pour une voie de haute tension qui alimentent le compartiment 1. Le courant par voie de haute tension I_{tot} est donné par [28, figure 2] en fonction de η. On considère une chute de tension ΔV inférieure à 6 V. On calcule alors la résistance équivalente R_{eq} maximale pour chaque secteur. Les résultats sont donnés dans le tableau 4.3.

Secteur	Résistance R_{eq} (en MΩ)
1	128
2	123
3	118
4	102
5	81
6	70
7	59

TAB. 4.3 – *Résistance équivalente maximale tolérée pour chaque secteur.*

La valeur nominale, indépendante de η pour le calorimètre tonneau, se situe autour de 5 MΩ. Avec la même mesure lors du test de continuité électrique, on détermine la valeur de la résistance entre le bus haute tension et le compartiment 1 (voir figure 4.3). Une vérification supplémentaire des électrodes est donc envisageable si les valeurs de résistances ont varié suite à leur manipulation.

4.1.2 Le test de tenue à la haute tension

Les tests de tenue à la haute tension ont permis de valider ou de rejeter les électrodes au cours de l'assemblage des modules. D'autre part, un problème de claquage lié à la propreté implique systématiquement de démonter l'électrode fautive, après avoir localisé la zone douteuse.

Les paramètres du test ainsi que le programme de commande ont évolué par rapport à la mise au point sur le module-test, pour s'adapter aux conditions du montage des modules. Le tableau 4.4 donne un résumé des paramètres.

Paramètres	Valeur typique
Tension nominale	1800 V (dans l'air, humidité $< 50\%$)
Rampe de montée	5 V/s, sans asservissement
Disjoncteur	17 μA pour 1 face (7 secteurs)
Courant de charge	$0{,}5 < I_{moy} < 1$ μA par secteur ($\propto$ surface)
Courant de fuite	< 200 nA après 30 mn pour 1 plan complet

TAB. 4.4 – *Valeurs nominales des principaux paramètres pour le test HT.*

Un exemple de courant de charge sur une électrode est donné sur la figure 4.10. Sur un module, chaque secteur d'une face donnée est alimenté par une voie de haute tension. Les courants de charge attendus sont dominés par la

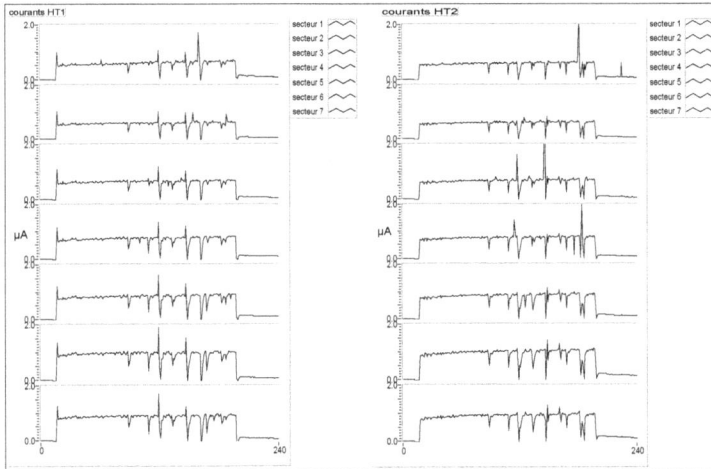

FIG. 4.10 – *Courants de charge pour chaque secteur des deux faces d'une électrode en fonction du temps (un point $\simeq 2$ secondes).*

charge de la capacité de découplage. Le courant de charge est donné par la relation :

$$i_{charge} = \frac{\varepsilon_o \varepsilon_r S}{e} \times \frac{\Delta V}{\Delta t} \tag{4.5}$$

La permittivité ε_r étant le seul paramètre mal connu, on l'obtient par un ajustement. Les résultats pour l'électrode A sont présentés dans le tableau

4.5. On trouve $\varepsilon_r = 4{,}5$, valeur compatible avec celle estimée page 62. Le

Secteur	Courant mesuré	Courant ajusté
1	0,54 μA	0,55 μA
2	0,57	0,58
3	0,63	0,62
4	0,71	0,69

TAB. 4.5 – *Courant mesuré et courant ajusté pour chaque secteur.*

courant de charge est donc proportionnel à la surface de chaque secteur et correspond à la charge de la capacité de kapton.

Le programme propose une rampe de montée linéaire. De plus, une boucle d'asservissement en courant sur chaque voie de l'alimentation permet d'éviter les disjonctions intempestives en cas de micro-claquage. Ainsi, à partir d'un certain seuil en courant, la tension se stabilise jusqu'à ce que le courant sur toutes les voies soit descendu en dessous d'un deuxième seuil. Les disjoncteurs n'agissent qu'en cas de court-circuits francs. Tous les dépassements notables sur la figure 4.10 sont donc immédiatement suivis d'une redescente globale du courant sur tous les secteurs, car la tension est commune pour les secteurs d'une même face.

A la tension nominale, on observe les courants de fuite comme le montre la figure 4.11. Ces courants diminuent rapidement jusqu'à quelques dizaines de nA, puis en général décroissent en quelques dizaines de minutes jusqu'au seuil de détection de l'alimentation (10 nA). On remarque que le courant dans le secteur 4 d'une des deux faces est deux à quatre fois plus élevé que celui des autres secteurs, à surface égale. Ceci est observé pour bon nombre d'électrodes, et correspond aux courants de fuite sur le bord de l'électrode A. Lors des tests haute tension réalisés en amont sur chaque électrode, la majorité des claquages provient du secteur 4 [38]. Après observations au microscope, ce phénomène serait attribué à un défaut de collage entre les deux faces lors de la découpe du bord de l'électrode, du côté $\eta = 0{,}8$.

En conclusion, la détection des micro-claquages, plus ou moins nombreux en fonction des poussières résiduelles, est une vérification de la propreté du montage. Ces micro-claquages sont également liés aux éventuels défauts de surface de l'électrode elle-même et donnent un aperçu de la qualité intrinsèque de l'électrode. Enfin, les courants de fuite sont aussi un bon indicateur de la qualité de ces dernières, notamment du point de vue de leur structure interne.

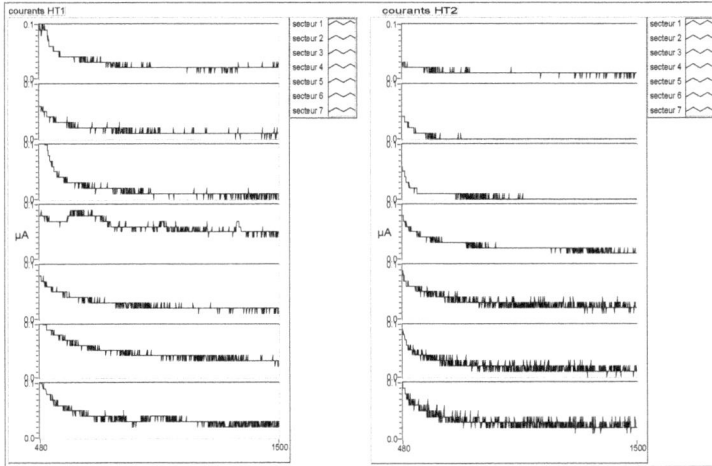

FIG. 4.11 – *Courants de fuite pour chaque secteur des deux faces d'une électrode en fonction du temps (un point $\simeq$ 2 secondes).*

4.1.3 Contrôle de la distance entre absorbeurs

Test mécanique

Les 30 premiers absorbeurs du module 98 ont été montés avec des fausses électrodes, c'est-à-dire des bandes de kapton non cuivrée pour simuler l'épaisseur des électrodes. Dans cette situation, tous les absorbeurs sont à un potentiel non déterminé. On mesure au capacimètre la capacité entre deux absorbeurs voisins i et $i + 1$, les absorbeurs $i - 1$ et $i + 2$ étant reliés à la masse pour former un blindage[2]. Le module étant incomplet mécaniquement avec 30 absorbeurs sur 65, on place les absorbeurs en position verticale pour ne pas apporter de contraintes supplémentaires dues à leur déformation sous l'effet de la gravité (flèche). Le résultat sur 30 plans est présenté sur la figure 4.12. On obtient une dispersion de 1,3%. Cette mesure confirme la possibilité d'assemblage d'absorbeurs distants de 4,2 mm à 50 microns près. En prenant l'approximation de deux plans parallèles infinis pour les absorbeurs, on

---

2. Cette mesure n'est pas réalisable avec de vraies électrodes à cause de ressorts assurant le contact entre l'électrode et l'absorbeur qui fixent tous les absorbeurs du module à un même potentiel.

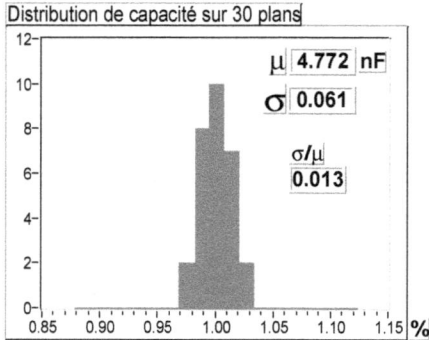

FIG. 4.12 – *Distribution des mesures de capacité sur 30 plans.*

calcule l'épaisseur expérimentale correspondant à la capacité moyenne :

$$e = \frac{\varepsilon_0 S}{C} = 4{,}16 \text{ mm, avec } S = 2{,}2455 \text{ m}^2 \qquad (4.6)$$

Ce résultat est en accord avec la valeur théorique et permet donc de valider notre méthode de contrôle de la distance entre absorbeurs.

Une autre mesure a été effectuée, sur le module 99, pour étudier la linéarité de notre système. A l'aide de cales de différentes épaisseurs réparties le long des barreaux de G10 à petit et grand rayon, on augmente artificiellement la distance entre deux absorbeurs, et on mesure la nouvelle valeur de capacité[3]. La mesure a été réalisée par secteur, en plaçant cette fois une électrode entre deux absorbeurs. Les résultats sont présentés dans le tableau 4.6.

Epaisseur des cales	Distance entre absorbeurs mesurée
	(moyenne sur les 8 secteurs)
0 mm	4,22±0,07 mm
0,2 mm	4,31±0,08 mm
0,5 mm	4,32±0,09 mm

TAB. 4.6 – *Distance entre absorbeurs en fonction de l'épaisseur de cale.*

---

3. Remarque : l'absorbeur étant en forme d'accordéon, augmenter la distance entre deux barreaux d'une quantité x revient à augmenter la distance entre absorbeurs d'une quantité $x \times \sin\theta$, avec θ le demi-angle du pli.

Avec des cales de 0,2 mm et sans cale, la différence est d'environ 100 microns, alors qu'on attend environ 120 microns en tenant compte de l'angle (voir remarque [3]). En revanche, entre 0,2 et 0,5 mm, la différence est négligeable, alors que l'on devrait obtenir environ 190 microns. En réalité, on est dominé par l'effet de « ventre » des absorbeurs. La valeur moyenne sans cale dépasse de 300 microns la valeur attendue. En effet, une fois l'assemblage du module terminé, une nouvelle mesure a donné une épaisseur moyenne de 3,92 mm. Ce fait est expliqué par la pression exercée par l'électrode sur l'absorbeur par l'intermédiaire du nid d'abeille, agissant comme un ressort. Ainsi, en augmentant l'écartement entre les barreaux de G10, on diminue cet effet de « ventre » en ne jouant que sur les plis situés sur les bords. Cette mesure apparaît donc comme difficilement réalisable dans ce contexte, et imposerait de monter plusieurs autres absorbeurs sur celui étudié pour minimiser cet effet de ressort.

Test avec électrodes : variation en η

La mesure de capacité a été réalisée sur toutes les électrodes du module 99, en position verticale, une fois l'assemblage terminé. Tous les absorbeurs sont alors vissés et maintenus par des arceaux [4] à petit et à grand rayon. Nous allons regarder les résultats en η, représentatifs de la position de l'électrode entre deux absorbeurs, et au paragraphe suivant les résultats en Φ pour connaître la qualité mécanique du montage.

La méthode 4 points utilisée permet de s'affranchir de tous les effets parasites entre la baie de tests et le module. En revanche, au niveau du panneau d'interface du module [5], on peut avoir une capacité parasite. Une mesure à vide permet de soustraire une capacité de l'ordre de 2,5 pF. Les autres effets sont alors intrinsèques au « sandwich » : positionnement de l'électrode entre les absorbeurs, défauts sur les électrodes tels que les pistes coupées. La figure 4.13 montre la valeur de la capacité pour chaque secteur d'une électrode, ainsi que la distance entre électrode et absorbeurs correspondante. On calcule la dispersion en η sur la distance entre électrode et absorbeurs. Sur les 35 paires électrodes A - électrodes B du module 99, 50% seulement ont une dispersion inférieure à 50 μm. Sur ces plans, la moyenne en Φ vaut 3,86±0,05 mm. Sachant qu'une électrode a une épaisseur de 300 microns,

---

4. A grand rayon, sept anneaux répartis le long du module en η supportent le calorimètre. Ils confèrent à l'ensemble la rigidité nécessaire, et définissent sa géométrie. A petit rayon, sept arceaux maintiennent les absorbeurs entre eux pour assurer la rigidité mécanique.

5. A l'assemblage, il existe un panneau d'interface par secteur, permettant la connection des câbles venant du module avec ceux venant du capacimètre.

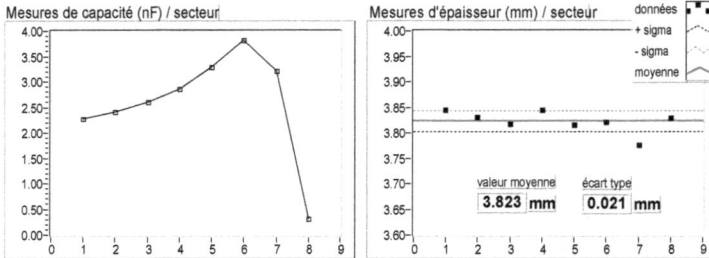

FIG. 4.13 – *Capacité par secteur pour une électrode et épaisseur correspondante.*

on trouve une distance totale entre deux absorbeurs de 4,16 mm, en parfait accord avec le résultat de l'équation 4.6.

La distribution de la distance entre absorbeurs sur l'ensemble des paires A-B est donnée sur la figure 4.14. La dispersion de 87 μm obtenue reflète les

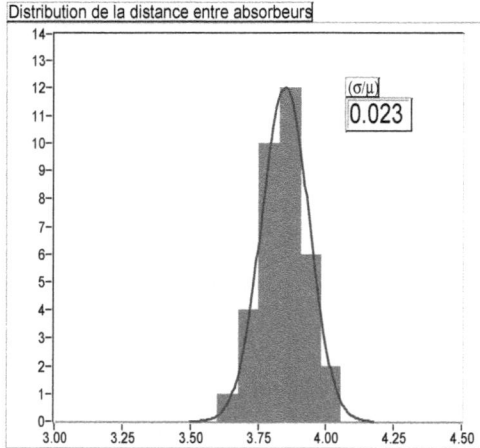

FIG. 4.14 – *Distribution de la distance entre absorbeurs sur l'ensemble des paires A-B.*

problèmes suivants :

1. Sur près de 40% des plans complets, il apparaît une différence d'épaisseur entre les électrodes A et B. Cette différence a lieu pour les quatre mesures en η associées à chaque électrode. Un tel décalage est envisageable étant donné que la nature même du kapton change entre les côtés A et B, que le pliage des deux demi-électrodes peut être différent, et que les nids d'abeilles, constitués de deux feuilles juxtaposées en η, peuvent avoir une épaisseur différente[6].

2. Certains défauts sur les couches internes et/ou externes comme une piste coupée ou un court-circuit entre voies (voir résultats du test TBF au 4.1.1) modifient la capacité mesurée et entraînent une majoration ou une minoration de l'épaisseur.

3. Quelques secteurs n'ont pas donné de valeurs stables ou cohérentes, probablement suite à des problèmes de masse sur les cartes sommatrices. Ces valeurs ont été écartées.

Pour valider l'hypothèse 1, regardons l'effet d'un déplacement réel d'une électrode entre deux absorbeurs sur l'épaisseur déduite de la mesure de capacité. Le calcul est détaillé en annexe B.1. Il apparaît que l'effet de ce déplacement, donné par la relation ci-dessous, est du second ordre :

$$e_{th} - e_{exp} \simeq 2\frac{x^2}{e_n} \tag{4.7}$$

Un décalage de 100 microns correspond à un déplacement de l'électrode d'environ 300 microns. Ce déplacement important peut difficilement avoir lieu sur 40% des plans complets.

Un autre effet peut venir de l'épaisseur des absorbeurs eux-mêmes. Si l'épaisseur de plomb est contrôlée à 7 microns près (voir [39], figure 4-24), il n'en est pas de même pour le tissu pré-imprégné (voir la structure d'un absorbeur § 2.3.4). Etant donné que l'épaisseur des absorbeurs est mesurée pour chaque secteur, on regarde la corrélation entre la différence d'épaisseur de deux absorbeurs adjacents et la distance entre ces deux absorbeurs (voir figure 4.15). Si une corrélation apparaît, la difficulté principale pour conclure vient du fait qu'en plus de la variation d'épaisseur d'absorbeur, le rôle de l'espaceur est déterminant. C'est lui qui impose la position de l'absorbeur, et par conséquent contraint fortement la distance entre absorbeurs.

---

6. Dans l'industrie, la tolérance standard sur la découpe du nid d'abeille est de ±0,13 mm. De plus, un jeu de 0,1 mm est rajouté de chaque côté. Pour chaque espace électrode-absorbeur, on obtient donc un jeu total possible de 0,23 mm.

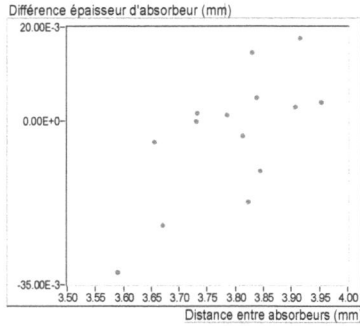

FIG. 4.15 – *Corrélation entre la différence d'épaisseur de deux absorbeurs adjacents et la distance entre ces deux absorbeurs.*

Test avec électrodes : variation en Φ

La figure 4.16 présente les mesures de capacité en Φ par secteur, pour toutes les électrodes du module 99. Pour chaque secteur, la capacité moyenne

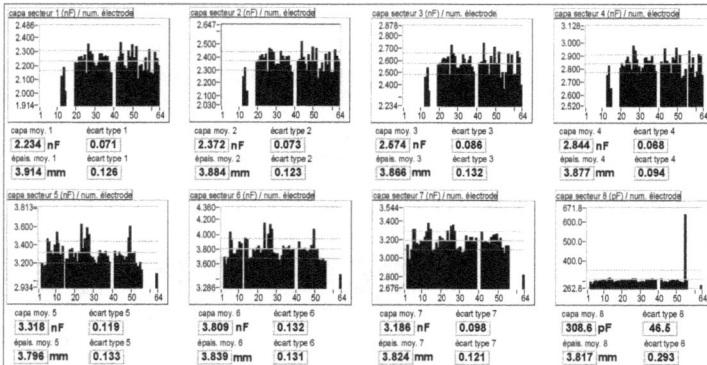

FIG. 4.16 – *Capacité en Φ par secteur et distance entre absorbeurs correspondante, pour toutes les électrodes du module 99.*

ainsi que la distance entre absorbeurs correspondante sont données. Sur les graphiques, l'absence de valeur correspond à une électrode manquante. Etant donné les problèmes intrinsèques aux électrodes, on ne peut évidemment pas s'attendre à un résultat correct sur la dispersion en Φ. Par exemple, les électrodes situées sur les bords (n° 12, 13, 14 côté A ou 63 côté B), présentent des valeurs bien inférieures à la valeur moyenne. Ces électrodes ont une fonction mécanique (voir tableau 4.2), et nous savons qu'elles comportent de nombreux défauts. Des cellules coupées induisent une surface plus petite, et donc une diminution de capacité.

Concernant les valeurs moyennes en épaisseur, on retrouve l'effet de décalage entre électrodes A et B vu sur l'étude en η. Il est intéressant en revanche de regarder les résultats sur le cœur pour connaître la qualité de l'assemblage avec les électrodes les plus significatives (voir figure 4.17). D'une manière

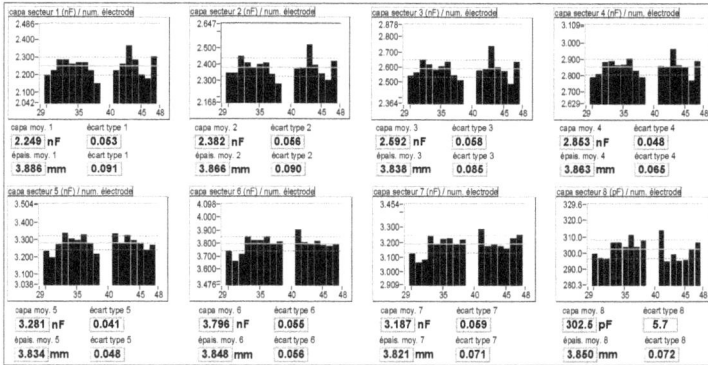

FIG. 4.17 – *Capacité en Φ par secteur et distance entre absorbeurs correspondante, pour les électrodes du cœur du module 99.*

générale, on remarque un comportement systématique pour les valeurs sortant de la bande de largeur 2σ. C'est-à-dire que ce sont les mêmes numéros d'électrode, en distinguant côté A et côté B, que l'on retrouve pour ces points atypiques. Ceci ne peut être attribué à un effet local provenant d'un défaut de surface, mais bel et bien à un problème d'épaisseur soit d'électrode, soit d'absorbeur, soit même d'intervalle absorbeur - absorbeur. La dispersion du côté B est meilleure que celle du côté A, car les électrodes B ont beaucoup moins de voies coupées, comme on l'a vu précédemment (figures 4.7 et 4.8).

Sur les secteurs 5 et 6, on peut considérer l'objectif des 50 microns atteint, résultat encourageant vu la qualité des électrodes. Cette mesure est en effet tributaire (voir côté A) des défauts intrinsèques aux électrodes. On ne peut qualifier l'assemblage mécanique qu'une fois ce problème résolu.

Effets d'une variation de la distance entre absorbeurs sur le signal

D'après le calcul de l'annexe B.2, une contribution au terme constant due à une variation de la distance entre absorbeurs n'excédant pas 0,15% nécessite un assemblage du calorimètre à 50 microns. A partir des mesures du module 99, nous avons vu que deux secteurs seulement ont une dispersion en Φ inférieure à 50 microns. Mais une analyse moins draconienne peut être faite en considérant l'effet de cette variation sur la physique. D'après l'annexe B.2, une gerbe électromagnétique est contenue dans cinq cellules élémentaires plomb-argon consécutives, ce qui moyenne la dispersion brute mesurée précédemment [42]. On introduit la moyenne glissante sur cinq intervalles en Φ pour chaque secteur, chaque épaisseur individuelle étant pondérée par un coefficient pour reproduire le profil de gerbe. Par simulation, on montre que ce profil est décrit par une gaussienne ayant un écart-type de 1,6 en unité de cellule élémentaire. On calcule la moyenne pondérée suivante :

$$\overline{e}^{(5)}(n) = \frac{\displaystyle\sum_{i=n-2}^{n+2} w_i e(i)}{\displaystyle\sum_{i=n-2}^{n+2} w_i} \quad \text{avec } w_n = 1, w_{n\pm1} = e^{\frac{-1}{2\sigma^2}}, w_{n\pm2} = e^{\frac{-2}{2\sigma^2}} \quad (4.8)$$

Le résultat sur le cœur est présenté sur la figure 4.18. Tous les secteurs ont une dispersion inférieure à 50 microns, mais la distribution des valeurs en Φ pour chaque secteur présente un effet systématique. Un profil constitué de deux bosses apparaît clairement côté A, complémentaire de celui apparaissant côté B.

Un scénario possible peut être un effet de ressort de la part des électrodes, différent côté A et côté B. En regardant l'origine des constructeurs pour les électrodes A et B du cœur (voir tableau 4.7), on s'aperçoit que ces bosses côté A correspondent au constructeur MCB, tandis qu'au centre nous avons le constructeur Cicorel. Pour les mêmes positions en Φ, nous avons, côté B, le constructeur Cicorel. La nature même de l'électrode est donc différente et peut expliquer le profil observé.

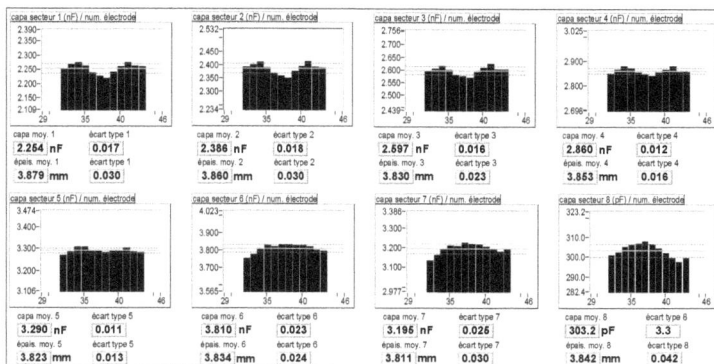

FIG. 4.18 – *Moyenne glissante pondérée des capacités en* Φ *par secteur et distance entre absorbeurs correspondante, pour les électrodes du cœur du module 99.*

Nbre d'électrodes ($\Phi \nearrow$)	Côté A	Côté B
1	X	X
6	Y	X
4	X	X
3	Y	X
2	Y	Y

TAB. 4.7 – *Origine des constructeurs (X=Cicorel et Y=MCB) pour les électrodes A et B du cœur.*

Conclusion

La mesure 4 points utilisée au chapitre 3 s'est révélée performante pour le contrôle de la distance entre absorbeurs. Avec une excellente stabilité, de l'ordre de 0,1%, on mesure des distances inférieures à 10 microns, ce qui permet de répondre aux exigences du cahier des charges.

Les imperfections des électrodes prototypes du module 99 affectent la qualité des résultats, mais nous savons d'ores et déjà qu'il est possible de vérifier la qualité de l'assemblage mécanique à la précision requise ($\simeq 50\ \mu$m).

4.2   Tests après câblage

4.2.1   Le test de continuité électrique

Principe

L'objectif de ce test de continuité électrique diffère de celui à l'assemblage dans la mesure où nous ne cherchons plus à tester les électrodes, mais les câbles et cartes de haute tension. C'est le seul moyen de savoir si les électrodes sont correctement reliées au bus haute tension. Dans l'argon liquide, il faut impérativement s'assurer de la qualité de ces contacts. Le principe est d'envoyer un signal sinusoïdal sur les lignes haute tension (d'une manière similaire au test à l'assemblage), et d'analyser les signaux de chaque cellule induits par couplage capacitif. Cependant, trois différences viennent modifier les conditions du test :

- une ligne de haute tension alimente 32 électrodes en Φ sur une des deux faces et sur un secteur en η.
- une voie de sortie correspond à une cellule, c'est-à-dire une somme de quatre électrodes en Φ pour le compartiment 2. Une conséquence est d'avoir quatre résistances équivalentes différentes au lieu de une à l'assemblage.
- chaque cellule, par l'intermédiaire des cartes mères, est reliée à une résistance d'injection et une résistance d'adaptation reliée elle-même à la masse.

L'objectif est donc de s'assurer qu'il ne manque aucune électrode en regardant la variation de l'amplitude du signal de sortie. L'intérêt de se placer sur les cellules du compartiment milieu par rapport aux autres compartiments est justifié par le regroupement en Φ de 4 électrodes au lieu de 16 sur l'avant, et par la faible variation de capacité en η par rapport aux cellules de l'arrière. Le schéma électrique équivalent de notre système est donné sur la figure 4.19.

On constate que le signal de sortie S dépend notamment de la valeur de la capacité de kapton et des valeurs des résistances sérigraphiées. La principale difficulté est due à la dispersion très importante (typiquement un facteur 10) sur la valeur de ces résistances. Une mesure similaire à celle de l'assemblage en utilisant deux fréquences pour extraire les parties résistives et capacitives est donc ici impossible. Une solution consiste à choisir une fréquence de mesure pour pouvoir négliger les résistances. Ceci est envisageable si les valeurs de résistances ne sont pas trop élevées. En effet, en diminuant la fréquence, l'amplitude du signal diminue, et celui-ci finit par être noyé dans le bruit. Les mesures effectuées sur le module prototype posent justement le problème.

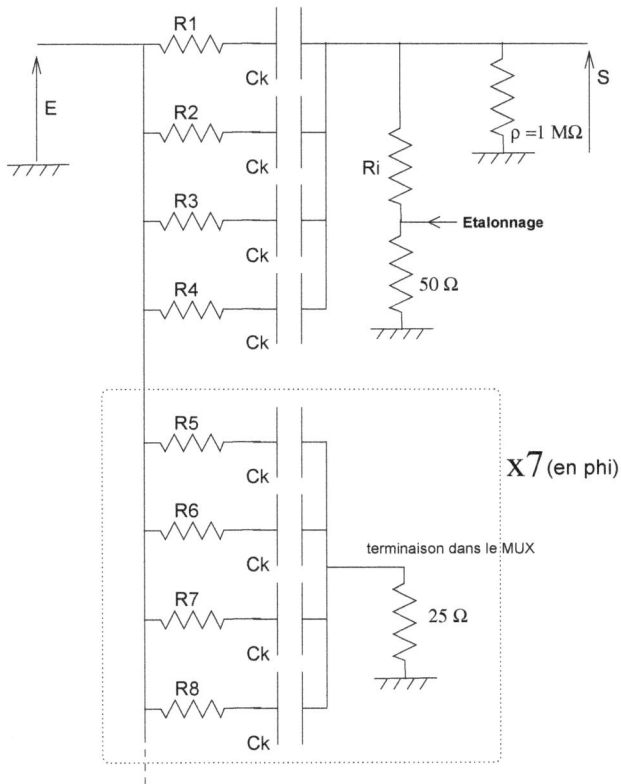

FIG. 4.19 – *Schéma équivalent du test TBF après câblage, pour une bande du compartiment 2 en η. Seules les capacités de kapton (Ck) sont notées sur cette figure.*

Une solution est d'utiliser une transformée de Fourier pour extraire l'amplitude de la fondamentale. On obtient, après l'acquisition d'un signal sur environ cinq périodes, une valeur stable et reproductible dans le temps, le bruit étant filtré.

Résultats

Une première vérification consiste à regarder la linéarité de l'amplitude du signal de sortie en fonction du nombre d'électrodes, en utilisant la méthode précédemment décrite. Les mesures ont été effectuées à 1 Hz pour avoir un déphasage de $-\pi/2$. En prenant une cellule complète et en débranchant successivement les électrodes, on obtient le résultat présenté sur la figure 4.20.

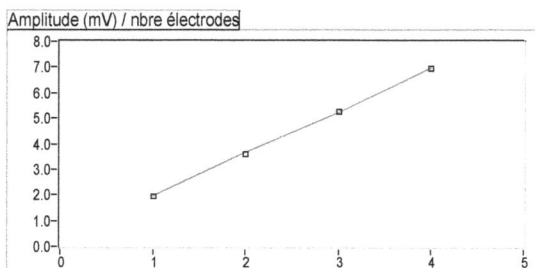

FIG. 4.20 – *Amplitude du signal de sortie en fonction du nombre d'électrodes dans une cellule.*

En se plaçant sur le compartiment milieu, on dispose de huit cellules en η pour un secteur donné, toutes alimentées par la même voie de haute tension. Pour une position en Φ donnée, on prend la valeur moyenne sur ces huit cellules. Cette redondance d'information assure la fiabilité du test. Nous obtenons une dispersion de 1 à 2% sur huit cellules en η, sauf dans le cas d'une cellule « malade » où la dispersion est de 9%. Une électrode manquante au sein d'une cellule peut ainsi se distinguer sans ambiguïté.

Pour pouvoir définir des seuils d'acceptation ou de rejet valables sur l'ensemble du module, on étudie la dispersion en Φ. On considère un secteur, et on regarde l'amplitude de la réponse en fonction de la position en Φ (voir figure 4.21). Les six premiers points correspondent à des cellules complètes, tandis que Φ_6 est une cellule vide et Φ_7 ne comporte qu'une électrode (voir l'emplacement des électrodes dans le tableau 4.2). Les deux courbes correspondent aux deux couches haute tension, car chacune des deux faces est alimentée séparément. La différence visible sur la figure 4.21 traduit la différence d'épaisseur de colle entre les couches de cuivre de l'électrode. D'un côté, la valeur moyenne est de $7,06 \pm 0,21$ mV, tandis que de l'autre, elle s'élève à $6,61 \pm 0,06$ mV. Pour comparer ces deux valeurs, on les normalise en utilisant les permittivités par unité de longueur de chaque côté de l'électrode

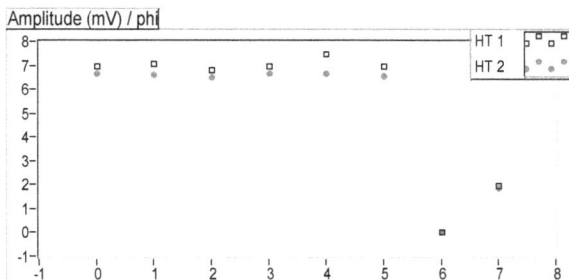

FIG. 4.21 – *Amplitude du signal de sortie en fonction de la position en Φ pour le secteur 5 du module 99, électrodes 32 à 63.*

(voir page 62). La différence obtenue, de 1,4%, reflète la bonne sensibilité de notre test.

En conclusion, ce test nous assure qu'il ne manque pas d'électrode du point de vue de la haute tension. D'autre part, la dispersion en Φ obtenue nous permet d'avoir un seuil de rejet identique au sein d'un secteur pour toutes les électrodes en Φ.

4.2.2 Mesure de la réponse des cellules

On présente ici les résultats des mesures effectuées sur le module 99. Le principe de ce test est décrit au chapitre 3. Le test excite d'une manière automatique toutes les cellules des trois compartiments d'un demi-module. Le signal d'injection fourni par la carte TPA parcourt le chemin décrit sur la figure 4.22. Deux aspects conditionnent les résultats présentés par la suite.

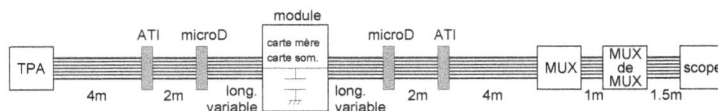

FIG. 4.22 – *Câbles et connecteurs entre le signal d'injection et la réponse d'une cellule lue au moyen d'un oscilloscope.*

D'une part, les câbles sur le module lui-même ont une longueur variable selon le secteur, et d'autre part, la longueur totale entre l'injection et la lecture de la réponse d'une cellule est importante ($\simeq 20$ m). L'atténuation du signal dans les câbles est donc significative.

Amplitude du signal après filtrage

On présente sur les figures 4.23, 4.24 et 4.25 l'évolution de l'amplitude maximale après mise en forme des cellules des différents compartiments en fonction de η. Le filtrage numérique mis en œuvre est celui donné par l'équa-

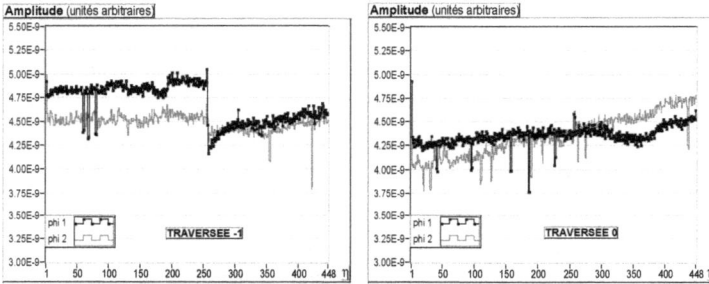

FIG. 4.23 – *Evolution de l'amplitude maximale de la réponse des cellules du compartiment avant du module 99 en fonction de η.*

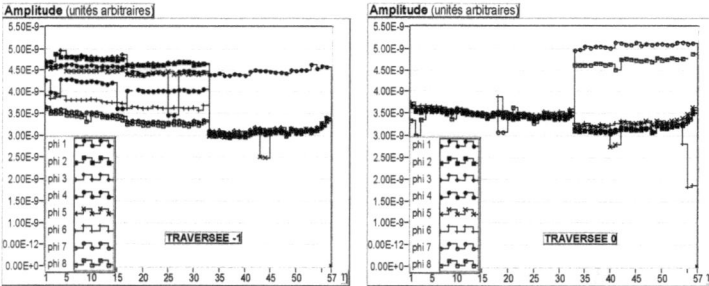

FIG. 4.24 – *Evolution de l'amplitude maximale de la réponse des cellules du compartiment milieu du module 99 en fonction de η.*

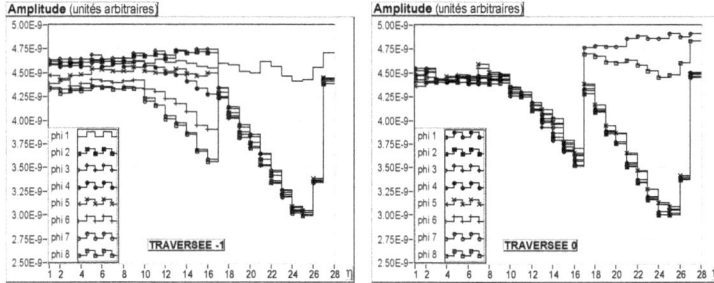

FIG. 4.25 – *Evolution de l'amplitude maximale de la réponse des cellules du compartiment arrière du module 99 en fonction de η.*

tion (3.10). La réponse de chaque cellule est échantillonnée sur deux bases de temps. La première permet d'effectuer la convolution sur la partie montante du signal, c'est-à-dire la plus sensible à la capacité de la cellule avec un point toutes les 400 ps. La deuxième, plus grossière, permet de déterminer l'amplitude du plateau et par conséquent de se normaliser. De cette manière, on s'affranchit des fluctuations pouvant provenir de la carte TPA (voir problème évoqué sur la figure 3.27).

Une première analyse du signal avant filtrage permet de vérifier les résistances d'injection et d'adaptation. En effet, en cas de court-circuit entre deux résistances d'injection par exemple, l'amplitude du plateau sera modifiée. De même, un problème sur une résistance d'adaptation sera détecté grâce à l'étude de la réflexion engendrée. Cette mesure sert donc de test pour les cartes mères.

Les différents diagnostics pour les cellules des trois compartiments sont résumés dans la note [43]. On trouve principalement :

– des voies à « zéro » (mise à la masse ou broche cassée).

– des voies en court-circuit sur la couche interne. On obtient la capacité de deux cellules adjacentes.

– des voies en court-circuit sur la couche externe. Elles donnent une diaphonie anormalement élevée, et modifient le signal de sortie de la cellule excitée.

Sur les différents graphiques, ces défauts se traduisent par des points manquants ou des points ayant une amplitude anormalement faible, comme sur les figures 4.23 et 4.24. En fonction des amplitudes côté A ou côté B, on retrouve le nombre d'électrodes présentes dans chaque cellule (voir tableau 4.2). Sur la figure 4.24, traversée -1 côté A, les différents cas sont représentés[7] et sont résumés dans le tableau 4.8.

Nbre d'électrodes	Position en Φ
0	$\Phi 2$ et $\Phi 3$
1	$\Phi 1$ et $\Phi 5$
2	$\Phi 4$
3	$\Phi 6$
4	$\Phi 7$ et $\Phi 8$

TAB. 4.8 – *Nombre d'électrodes dans une cellule et position en Φ correspondante.*

On peut également voir sur les cellules sans électrodes l'amplitude augmenter par marches d'escalier de la taille d'un secteur en fonction de η, comme sur la figure 4.25. Ceci est expliqué par la longueur des câbles signaux qui va en diminuant (voir référence [44]). L'atténuation du signal dans le câble diminue avec η, donc la capacité parasite diminue avec η.

Etude de la variation de capacité avec η sur le compartiment arrière

La motivation de cette étude, que ce soit en η ou en Φ, est d'avoir une première idée de l'uniformité de la réponse du calorimètre. Si l'objectif initial est d'avoir une mesure relative de la réponse des cellules pour effectuer des comparaisons, on s'intéresse aussi à la mesure absolue des capacités pour voir la cohérence de nos résultats avec les valeurs attendues.

On considère le compartiment arrière[8] dont la capacité varie dans un rapport 5 en η. On convertit dans un premier temps les valeurs d'amplitude après mise en forme en valeur de capacité, grâce à la courbe d'étalonnage, comme vu précédemment page 72. On trace la valeur de capacité mesurée en fonction de la surface des cellules (voir figure 4.26). A surface nulle, on constate une capacité parasite importante, de près de 900 pF. Elle correspond à l'ensemble de la chaîne, c'est-à-dire les câbles, les MUX et MUX de MUX, les cartes mères. Au moyen d'un ajustement linéaire, on extrait la valeur de cette capacité parasite pour chaque position en Φ. On retranche cette valeur aux capacités obtenues précédemment pour obtenir la capacité des cellules elles-mêmes (figure 4.27). En absolu, les valeurs obtenues sont en bon accord

---

7. Un décrochement est visible entre les 16 premières voies en η et les 16 suivantes. Il correspond à l'absence de MUX de MUX pour les voies de 1 à 16, qui a pour effet de diminuer la capacité parasite, donc d'augmenter l'amplitude après mise en forme.

8. On ne considère que les plans de 32 à 48 comportant les électrodes du cœur.

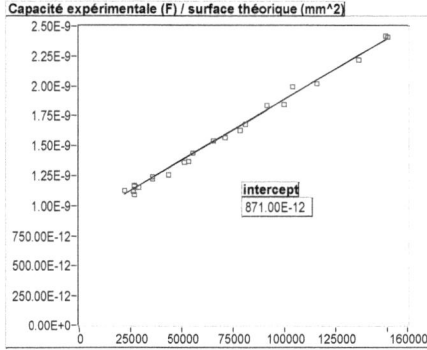

FIG. 4.26 – *Capacités mesurées sur le compartiment arrière en fonction de la surface des cellules.*

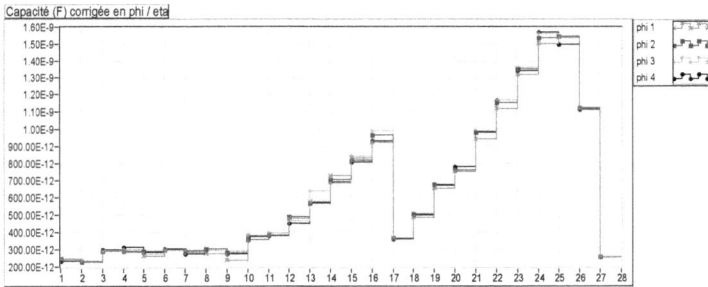

FIG. 4.27 – *Capacité des cellules du compartiment arrière en fonction de η.*

avec les valeurs données sur la figure 10-8 de la référence [13].

Pour avoir une idée de la dispersion de la réponse des cellules en η, il est nécessaire de se normaliser par rapport à la surface des cellules. La figure 4.28 présente la capacité normalisée en fonction de η. On a une dispersion d'environ 7 à 8%, sachant que cette dispersion inclut les effets de la chaîne complète : la géométrie des cellules, les pistes sur les cartes sommatrices, l'impédance et la longueur des câbles, les voies de MUX. A propos de la longueur des câbles, on remarque sur la figure 4.28 une légère pente entre

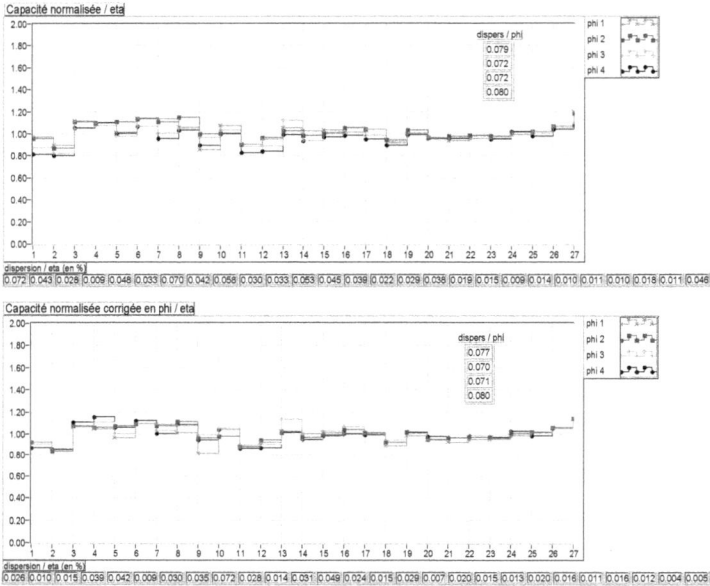

FIG. 4.28 – *Capacité normalisée, non-corrigée et corrigée pour chaque* Φ *en fonction de* η *(compartiment arrière).*

les cellules 3 et 25. Elle correspond à une diminution de l'atténuation du signal dans les câbles, étant donné que leurs longueurs diminuent de près d'un facteur 5 entre le secteur 1 et le secteur 7.

Pour distinguer les effets venant du module de ceux liés au banc de tests proprement dit, une mesure a été réalisée en utilisant la chaîne « extérieure » au module (TPA, câbles, MUX, MUX de MUX) sur un circuit simulant 64 cellules de calorimètre. Ce circuit comprend des capacités de 1 nF et des résistances d'injection, avec une connectique micro-D en entrée et en sortie. Le résultat est donné sur la figure 4.29. On obtient une dispersion d'environ 2%.

En conclusion, la contribution dominante dans la dispersion en η ne vient pas du banc de tests. Notre dispositif est donc suffisamment fiable pour mesurer l'uniformité de la réponse du calorimètre. De plus, dans cette dispersion

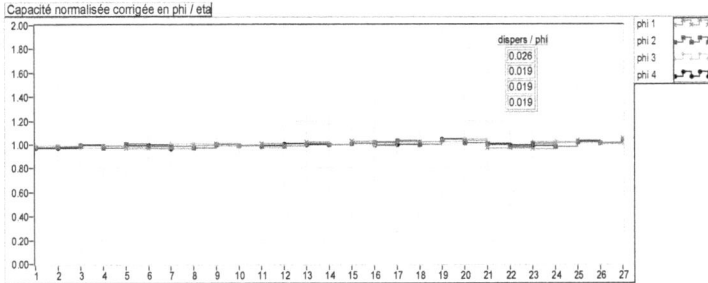

FIG. 4.29 – *Capacités normalisées du simulateur en fonction de η, en utilisant les voies d'électronique correspondant aux cellules du compartiment arrière.*

de 2%, est inclus le fait que le simulateur utilisé est constitué de capacités précises à 5%. Les principales contributions viennent donc du module lui-même, câbles du module et cartes compris.

Etude de la variation de capacité avec η sur le compartiment milieu

Comme précédemment sur le compartiment arrière, on souhaite avoir une idée de l'uniformité en η sur les cellules du compartiment milieu. Les valeurs de capacités normalisées par la surface des cellules sont présentées sur la figure 4.30. On obtient une dispersion en η d'environ 3,5%. Pour connaître la contribution de la chaîne électronique, il est nécessaire de refaire une mesure avec le simulateur en utilisant les cartes MUX et les câbles correspondant cette fois aux cellules du compartiment milieu. Dans ces conditions, la dispersion propre au système de mesure vaut 1,5%.

Les résultats sur le compartiment milieu sont très encourageants, et montrent une bonne homogénéité de l'ensemble de la chaîne.

Etude de l'uniformité en Φ sur le compartiment arrière

Pour le compartiment arrière comme pour celui du milieu, le module 99 a bénéficié de nouvelles cartes sommatrices par rapport au module 98. En effet, un problème sur ces cartes que nous aborderons au chapitre 6 a été mis en évidence. L'emplacement des nouvelles cartes est donné sur la figure 4.31. L'objectif de ces cartes est d'obtenir un signal uniforme en Φ.

On regarde l'uniformité en Φ sur le compartiment arrière (figure 4.28). Le

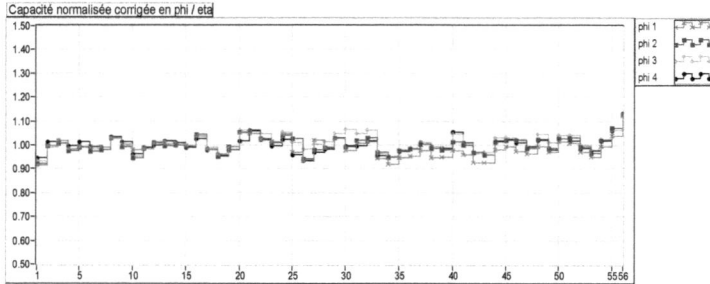

FIG. 4.30 – *Capacité normalisée des cellules du compartiment milieu corrigées en Φ en fonction de η.*

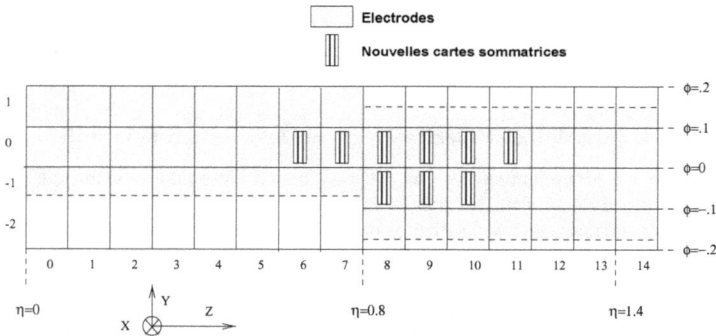

FIG. 4.31 – *Emplacement des nouvelles cartes sommatrices sur le module 99.*

graphique du haut représente l'évolution de cette capacité après soustraction d'une capacité parasite moyenne obtenue au moyen d'un ajustement linéaire sur l'ensemble des cellules en Φ. Le graphique du bas donne l'évolution de la capacité avec une correction pour chaque position en Φ. La différence de capacité parasite en Φ provient essentiellement des longueurs de piste différentes sur les cartes sommatrices. Un développement sur l'étude de ces cartes est donné au paragraphe 6.1. Si on corrige chaque position en Φ de manière indépendante, la dispersion est donc améliorée (jusqu'à un facteur 4) sur les 12 premières et 3 dernières cellules en η, comme le montre le tableau 4.9. Ce n'est pas le cas des autres cellules, de 13 à 24.

n° cell.	1	2	3	4	5	6	7	8	9	10	11	12
σ_{brut}	7,2	4,3	2,8	0,9	4,8	3,3	7,0	4,2	5,8	3,0	3,3	5,3
σ_{corr}	2,6	1,0	1,5	3,9	4,2	0,9	3,0	3,5	7,2	2,8	1,4	3,1

TAB. 4.9 – *Dispersions brute et corrigée pour chaque position en* Φ.

Sur la figure 4.28, la différence de dispersion en Φ entre nouvelles et anciennes cartes sommatrices apparaît très nettement. La dispersion est améliorée d'un facteur deux en moyenne avec les nouvelles cartes. Bien sûr, une partie de cette dispersion est due au module lui-même et affecte localement la valeur de certaines cellules, mais nous verrons que l'effet des cartes sommatrices est loin d'être négligeable.

Etude de l'uniformité en Φ sur le compartiment milieu

Une étude similaire est réalisée sur le compartiment milieu, toujours sur les cellules du cœur. La figure 4.32 présente les valeurs de capacité des cellules du compartiment milieu pour les quatre couches en Φ du cœur. Sur cette

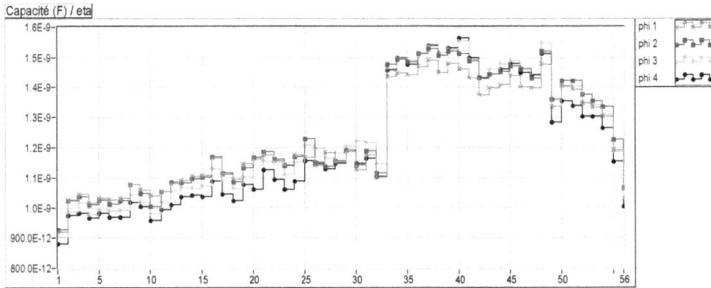

FIG. 4.32 – *Capacité des cellules du compartiment milieu en fonction de* η.

figure, aucune correction en Φ n'est apportée. Les cellules 1 à 24 et 49 à 56 sont lues par les anciennes cartes. On trouve une dispersion moyenne de 2,4% en Φ, à comparer à 1,6% de dispersion sur les cellules de 25 à 48 lues avec les nouvelles cartes. La position $\Phi = 4$ se situe directement sous la carte mère, tandis que $\Phi = 1$ correspond à la position la plus éloignée de celle-ci (voir la disposition de l'électronique sur la figure 2.23). La moyenne des différences de capacité entre chaque position en Φ sur les anciennes cartes est donnée dans le tableau 4.10.

Différence en Φ	Capacité
$\Phi_1 - \Phi_2$	4 pF
$\Phi_1 - \Phi_3$	33 pF
$\Phi_1 - \Phi_4$	65 pF

TAB. 4.10 – *Variation de capacité pour chaque position en Φ.*

Après correction en Φ sur les anciennes cartes, on obtient une dispersion moyenne de 0,8%, meilleure que la dispersion avec les nouvelles cartes. Le résultat est donné sur la figure 4.33.

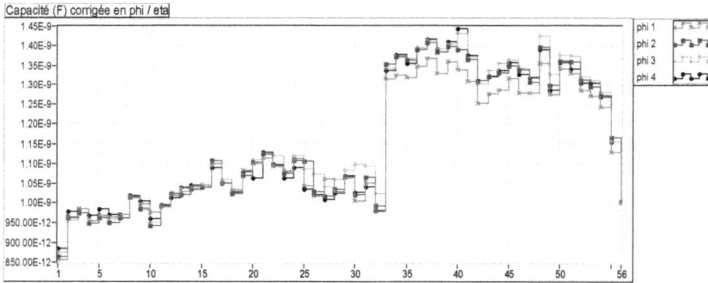

FIG. 4.33 – *Capacité des cellules du compartiment milieu corrigées en Φ en fonction de η.*

En effet, la capacité des cellules côté B (cellules 33 à 56) à $\Phi = 1$ est systématiquement plus petite que celle des trois autres positions en Φ (voir figure 4.33). Ceci provient du module lui-même cette fois. Si on regarde les mesures de capacité durant l'assemblage (voir figure 4.17), on remarque que les électrodes 30, 31 et 32 ont une capacité systématiquement plus faible pour les secteurs 5, 6 et 7 constituant le côté B. La position $\Phi = 1$ regroupant les électrodes 30 à 33, on retrouve cette diminution de capacité avec la mesure sur les cellules. De manière plus quantitative, on corrige les valeurs de capacité des cellules par les mesures de distance entre absorbeurs obtenues à l'assemblage. Du côté des anciennes cartes, la dispersion en Φ est inchangée. Cette dispersion provient donc bien des cartes sommatrices. En revanche, sur les nouvelles cartes, nous obtenons une dispersion de 1,0%. Une contribution à la dispersion avant correction trouve son origine dans la mécanique du module. Ainsi l'apport des nouvelles cartes améliore de plus d'un facteur deux l'uniformité en Φ.

En conclusion, l'étude en Φ a permis de tester la sensibilité de notre système de mesures, et de mettre en évidence le problème de dispersion sur les cartes sommatrices. Nous reviendrons sur ce point au chapitre 6.

4.3 Conclusion

Ce chapitre regroupe l'ensemble des mesures utilisées pour la qualification des modules du calorimètre. Si nous gardons à l'esprit que les résultats présentés ici sont tributaires de certains problèmes inhérents à un prototype, nous pouvons être optimiste quant à la fiabilité du banc de tests pour qualifier les modules à venir. A chaque étape de l'assemblage ou du câblage, nous avons mis en évidence la capacité d'analyse de notre dispositif ainsi que sa souplesse pour s'adapter aux problèmes rencontrés. Le chapitre suivant concerne les tests à la température de l'argon liquide, ainsi que la comparaison du système d'étalonnage du banc de tests avec le système d'étalonnage définitif.

Chapitre 5

Tests dans l'argon liquide

5.1 Introduction

La dernière étape de qualification des modules concerne les tests dans un bain d'argon liquide. Dans un premier temps, on vérifie la connectique des voies de haute tension, d'étalonnage, et de lecture. En effet, après contraction thermique, nous voulons nous assurer de n'avoir perdu aucune voie. Ensuite, une étude plus approfondie nous renseignera sur le comportement mécanique du module.

D'autre part, pour des raisons de temps, seuls six modules sur les 32 composant le calorimètre final seront testés avec un faisceau d'électrons. Le module 99 étudié précédemment a subi un test en faisceau, permettant de confronter les résultats obtenus à cette occasion avec ceux réalisés au laboratoire.

Dans ce chapitre, nous comparons les résultats obtenus avec le système d'étalonnage définitif décrit sur la figure 2.25 aux mesures faites avec l'étalonnage du banc de tests.

5.2 Tests dans le cryostat « maison »

5.2.1 Le dispositif expérimental

Un cryostat de test est installé sur chaque site d'assemblage des modules, au CEA à Saclay et au LAPP à Annecy, pour effectuer les différents tests dans l'argon liquide. Il accueille le module verticalement, ce dernier étant suspendu sous le couvercle. Des traversées utilisées pour acheminer les câbles signaux, d'étalonnage et de haute tension équipent le couvercle. Un échangeur utilisant de l'azote liquide permet de refroidir le module et de réguler la température dans le cryostat. La descente en température s'effectue à 2 K/h dans une atmosphère d'argon gazeux pour minimiser les contraintes mécaniques. Quand la température du module est voisine de 90 K, l'argon liquide est transféré d'un réservoir de stockage au cryostat. La pureté de l'argon (< 3 ppm d'oxygène) est contrôlée régulièrement au moyen d'une source alpha pour mettre en évidence une éventuelle pollution de l'argon venant du module.

Les mesures à température ambiante et celles faites dans le bain d'argon liquide utilisent le même câblage (voir figure 4.22).

5.2.2 Test de continuité

Ce test est identique au test effectué à température ambiante, décrit au paragraphe 4.2.1. Nous ne présentons pas de résultats ici, étant donné les problèmes liés aux électrodes prototypes du module 99. Contrairement au test réalisé à température ambiante, nous ne pouvons obtenir un déphasage de $-\pi/2$ dans l'argon liquide. En descendant à une fréquence de 0,1 Hz, nous obtenons un déphasage correct sur certaines cellules, mais avec une amplitude du signal de sortie trop faible pour avoir une valeur significative.

Ce problème vient des valeurs de résistances sérigraphiées qui augmentent d'un facteur important entre la température ambiante et celle de l'argon liquide. D'après les mesures effectuées sur différentes encres résistives [46], ce facteur est typiquement de l'ordre de 50. Il est stable dans le temps, et le phénomène observé est réversible.

Cette difficultée sera résolue avec les électrodes définitives, où l'on attend un facteur trois entre la valeur de résistance à température ambiante et celle dans un bain d'argon liquide.

5.2.3 Etude de la réponse des cellules

Résultats sur le compartiment milieu

L'objectif de ce test est de vérifier la connectique de toutes les voies d'étalonnage et de lecture, une fois le module plongé dans l'argon. Nous comparons l'amplitude des signaux obtenus après filtrage numérique à température ambiante et à froid (méthode décrite au §4.2.2).

La figure 5.1 présente les résultats comparatifs sur le compartiment milieu entre les deux séries de mesures. Le graphique de gauche correspond à l'amplitude à température ambiante en fonction de l'amplitude à la température de l'argon liquide.

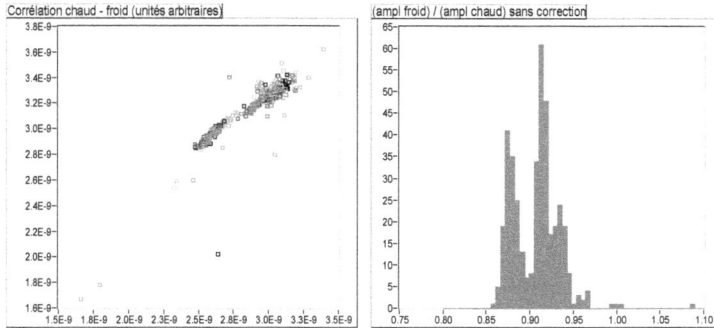

FIG. 5.1 – *Corrélation entre les amplitudes à température ambiante et à froid obtenue avec le banc de tests sur les cellules du compartiment milieu. Histogramme du rapport des amplitudes.*

La première observation est qu'aucune voie n'a été perdue. Les quelques cellules en dehors de la distribution correspondent à des voies « étranges » et ne sont donc pas significatives. Ces cellules défectueuses sont décrites au paragraphe 6.2.2.

En revanche, ce graphique met en évidence un décalage entre deux groupes de cellules. L'histogramme de droite montre la distribution du rapport entre l'amplitude à froid et l'amplitude à chaud pour chaque cellule. Les différents pics visibles correspondent à différents secteurs en η. Si les longueurs de câble sont identiques pour les deux séries de mesure, il n'en va pas de même pour leur impédance et leur coefficient d'atténuation. En effet, la différence de température de 200 K entre les deux séries de mesures pour les câbles se trouvant dans le cryostat modifie la transmission des signaux. L'atténuation des signaux [1] à une température de 90 K est environ trois fois plus faible qu'à 300 K. Comme les longueurs de câble sont différentes entre chaque secteur, quelque soit le compartiment [44], on observe un décalage entre secteurs.

Un autre effet agissant dans le sens inverse vient de la variation de la constante diélectrique du milieu constituant la cellule. L'air, de constante égale à 1, est remplacé par de l'argon liquide dont la permittivité relative vaut 1,53 (d'après la référence [45]).

L'étape suivante, pour mettre en évidence des variations venant du module lui-même, est de s'affranchir de cet effet des câbles. Ceci a un sens pour

---

1. Dans un métal, la résistivité augmente linéairement avec la température.

de faibles variations de capacité, de l'ordre de 10%. C'est pourquoi on étudie séparément l'électrode A et l'électrode B pour le compartiment milieu. La correction apportée à l'amplitude A_i de la réponse de la cellule i est de la forme :

$$A_i(1 - \alpha \times L_s)$$

L_s est la longueur des câbles sur le module pour un secteur donné.

Les résultats obtenus sont représentés sur la figure 5.2. La dispersion

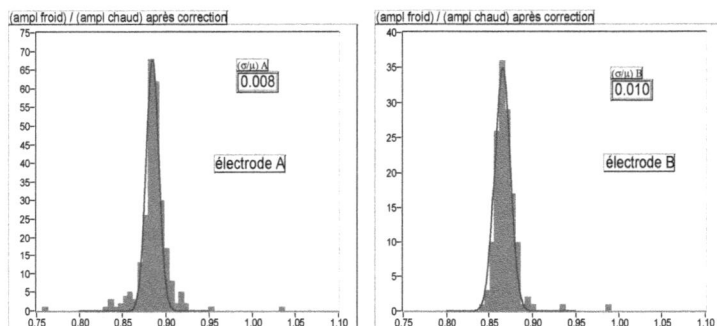

FIG. 5.2 – *Histogramme du rapport des amplitudes obtenues à froid et à chaud après correction de l'effet des câbles pour les électrodes A et B.*

obtenue, d'environ 1% sur chaque électrode, indique que les cellules n'ont pas été affectées par la contraction thermique. La réponse est uniforme entre la température ambiante et celle de l'argon liquide.

Résultats sur le compartiment arrière

Regardons maintenant les cellules du compartiment arrière. Les résultats des mesures à température ambiante et dans l'argon liquide sont présentés sur la figure 5.3. Sur le graphique de gauche montrant l'amplitude à température ambiante en fonction de l'amplitude à la température de l'argon liquide, nous observons une corrélation par segment lié à la taille d'un secteur. A part une voie « étrange », nous n'avons perdu aucune voie. Nous avons les mêmes différences de longueur de câble entre secteurs que pour le compartiment milieu, mais les valeurs de capacités au sein d'un secteur varient d'un facteur allant jusqu'à 5. Sur l'histogramme de droite présentant la distribution du rapport entre l'amplitude à froid et l'amplitude à température ambiante,

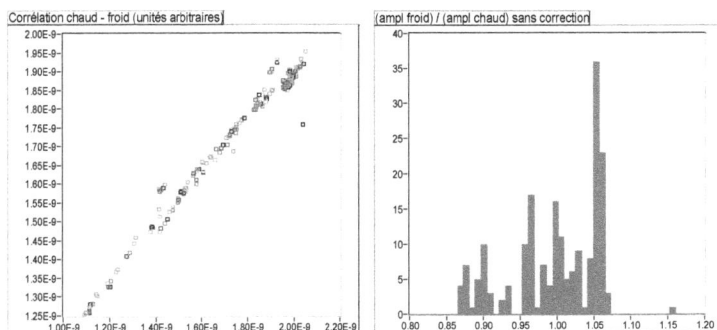

FIG. 5.3 – *Corrélation entre les amplitudes à température ambiante et à froid obtenue avec le banc de tests sur les cellules du compartiment arrière. Histogramme du rapport des amplitudes.*

nous obtenons une série de pics. Les valeurs moyennes de ce rapport sont le reflet à la fois de la variation de capacité des cellules et de l'effet des câbles.

Pour nous affranchir des différences de longueurs de câble, nous traitons les mesures par secteur. Nous obtenons une dispersion comprise entre 1,5 et 2%, sachant que celle-ci inclut également la variation de capacité. Comme l'indiquait déjà les résultats du compartiment milieu, nous avons une bonne reproductibilité des mesures à température ambiante et dans l'argon liquide.

Rapport des capacités

Les résultats présentés ont été obtenus à partir des amplitudes de la réponse des cellules. En exprimant nos mesures en terme de capacité, nous avons une idée de la valeur expérimentale de la constante diélectrique de l'argon. Comme au chapitre précédent, nous obtenons la capacité des cellules après soustraction d'une capacité parasite globale venant de la chaîne de mesure. L'histogramme du rapport entre la capacité à froid et la capacité à chaud est présenté sur la figure 5.4. La largeur de cette distribution comprend les effets des câbles et n'est donc pas représentative d'éventuelles déformations mécaniques du module. En revanche, le paramètre intéressant ici est la valeur moyenne du rapport, qui se compare à la permittivité relative de l'argon, 1,53.

En conclusion, la variation de capacité entre la température ambiante

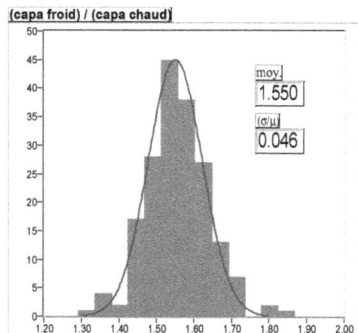

FIG. 5.4 – *Histogramme du rapport des capacités du compartiment arrière.*

et celle de l'argon liquide est due à la variation de diélectrique. La diminution de la distance entre absorbeurs venant de la contraction thermique est
négligeable.

5.3   Comparaison banc de tests - faisceau test

Les motivations de cette comparaison viennent du fait que quelques modules seulement iront en faisceau test. Il est donc important de s'assurer que
les diagnostics fournis par le banc de tests sont cohérents avec ceux donnés
par le système d'étalonnage. L'étude de la réponse des cellules avec le banc
de tests nous donne une première idée de l'uniformité du calorimètre. La
comparaison avec l'étalonnage du faisceau test montre la précision que l'on
peut atteindre avec un système à moindre coût.

5.3.1   Le dispositif expérimental

Le module 99 a été installé sur la ligne de faisceau H8 du SPS au CERN
qui fournit des faisceaux d'électrons de 20 GeV à 300 GeV. Il est inséré dans
un cryostat de test, lui même placé sur une plate-forme qui permet d'exposer
chacune des cellules du module au faisceau d'électrons. Le module a été
exposé à des faisceaux d'électrons de différentes énergies sur la majorité des
cellules de la région du cœur.

Les caractéristiques du système d'étalonnage ont été données au chapitre

2. Ce système est un prototype de celui qui sera utilisé par la suite dans l'expérience ATLAS. Son objectif est d'étalonner l'électronique de lecture du calorimètre. La contribution au terme constant vient de la dispersion de canal à canal après étalonnage, et doit être aussi petite que possible. Les signaux électriques sont injectés dans les cellules pour simuler l'énergie déposée dans le calorimètre. Il doit permettre également de retrouver les voies pathologiques ou les non-uniformités locales d'une manière similaire au système du banc de tests. Néanmoins, il existe certaines différences entre les deux dispositifs (voir tableau 5.1).

Caractéristiques	Banc de tests	Faisceau test
Signal d'injection	signal carré	exponentielle décroissante
Système de lecture	oscilloscope	cartes FEB
Mise en forme	par logiciel	par circuit électronique
Longueurs de câbles	câbles module + 8m	câbles module + 2m

TAB. 5.1 – *Caractéristiques de la chaîne d'acquisition du banc de tests et de celle du faisceau test.*

Pour les deux systèmes, nous disposons pour chaque cellule de la courbe de réponse après mise en forme. Un exemple de signal est donné sur la figure 5.5.

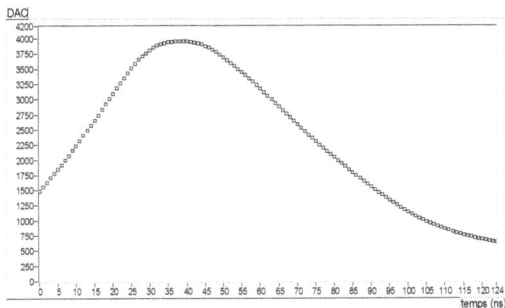

FIG. 5.5 – *Courbe de réponse d'une cellule après mise en forme.*

Le calcul de l'amplitude de ce signal est effectué au moyen d'un ajustement parabolique sur une dizaine de points pris autour du maximum. C'est ce paramètre qui est utilisé pour comparer les deux systèmes.

5.3.2 Résultats

Compartiment arrière

Les résultats obtenus sur le compartiment arrière sont présentés sur la figure 5.6. Le graphique de gauche présente l'amplitude obtenue avec le sys-

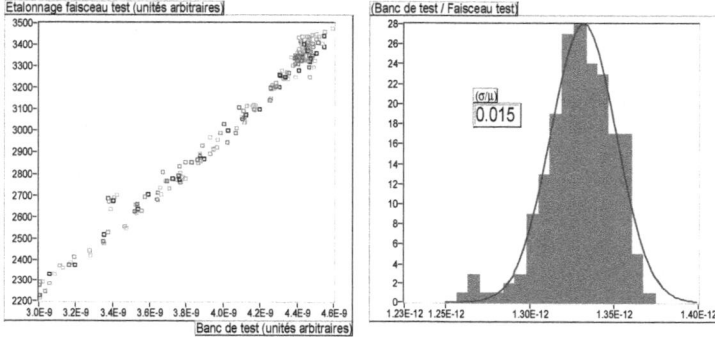

FIG. 5.6 – *Corrélation entre les amplitudes obtenues avec le système d'étalonnage du faisceau test et avec le banc de tests sur les cellules du compartiment arrière.*

tème d'étalonnage du faisceau test en fonction de celle obtenue avec le banc de tests. Dans les deux systèmes, nous avons excité l'ensemble des cellules correspondant à un demi-module en Φ avec une même valeur d'amplitude pour le signal d'étalonnage. Une bonne corrélation apparaît si on omet les quelques points en dehors de la droite qui correspondent aux cellules situées sur un bord du module. Le graphique de droite présente l'histogramme du rapport[2] entre l'amplitude obtenue avec le banc de tests et celle obtenue avec le système du faisceau test. Avec une résolution de 1,5%, on constate que nos deux systèmes sont en très bon accord. Les fluctuations correspondent à celles que nous obtenons avec le simulateur du module (carte de 64 capacités présentée à la page 106). La dispersion obtenue sur le graphique de droite est donc attribuée au système du banc de tests, en considérant négligeable la dispersion des mesures due à la chaîne d'acquisition du faisceau test. Cet effet systématique étant l'effet dominant, l'uniformité de la réponse des cellules et

---

2. Les unités étant arbitraires, l'axe des abcisses n'a pas de signification.

des câbles associés au module entre le système d'étalonnage du banc de tests et celui du faisceau test est excellente.

Compartiment milieu

La figure 5.7 présente l'évolution de l'amplitude en fonction de η pour les deux systèmes, obtenue dans les mêmes conditions que sur le compartiment arrière. Le décrochement observé au niveau de la cellule 32 correspond à la

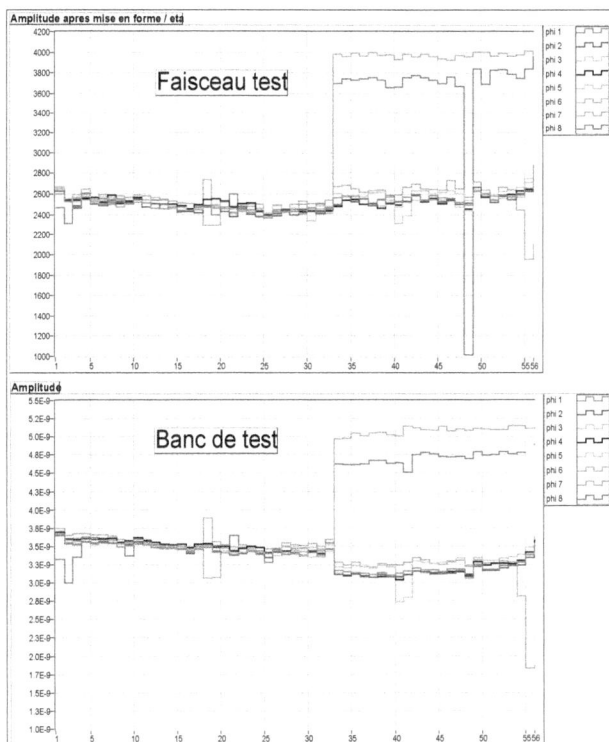

FIG. 5.7 – *Amplitude en fonction de η pour le compartiment milieu obtenue avec l'étalonnage du faisceau test et avec le banc de tests.*

variation de capacité des cellules entre les électrodes A et B. Ce décalage, différent entre les deux systèmes, est expliqué par la variation de transimpédance des préamplificateurs pour les cellules du compartiment milieu entre les électrodes A et B. Ceci ne concernant que le système d'étalonnage utilisé en faisceau test, on obtient deux lots de valeurs. On observe une bonne cohérence entre les deux systèmes pour l'ensemble des cellules. Seules les voies défectueuses ou les cellules sans électrode répondent différemment.

La figure 5.8 présente l'histogramme du rapport entre l'amplitude obtenue avec le banc de tests et l'amplitude obtenue avec le système d'étalonnage du faisceau test pour les cellules du compartiment milieu. Les dispersions

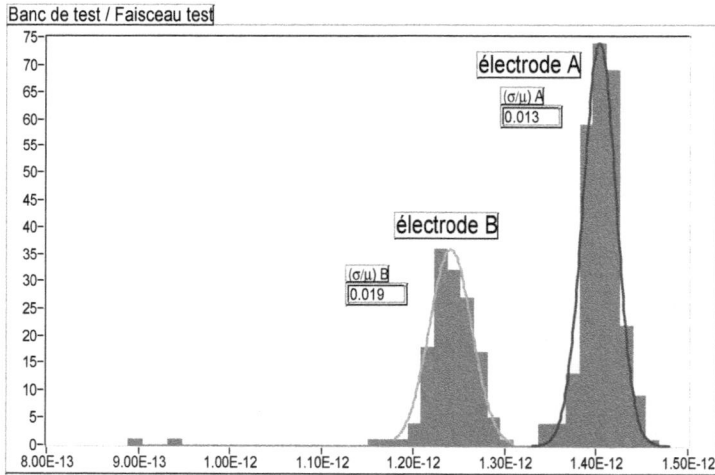

FIG. 5.8 – *Histogramme du rapport de l'amplitude obtenue avec le banc de tests sur l'amplitude obtenue avec le système d'étalonnage du faisceau test pour les cellules du compartiment milieu.*

obtenues sont respectivement de 1,3% et de 1,9% pour les électrodes A et pour les électrodes B. En conclusion, le banc de test, en dépit de ses défauts décrits au chapitre 3, permet une étude correcte de la réponse des cellules, avec une précision de l'ordre de 2%.

5.4 Signaux d'étalonnage et de physique

Le nombre de modules testés en faisceau étant limité, nous devons comparer et comprendre les signaux donnés par l'étalonnage, avec ceux obtenus lors d'une exposition des cellules à un faisceau d'électrons, appelés dans la suite de l'exposé signal de physique. Sans rentrer dans l'étude de l'uniformité du calorimètre, l'objectif ici est de regarder la réponse des cellules aux signaux d'étalonnage et de physique.

On regarde les résultats obtenus dans le compartiment milieu au niveau du secteur 3 sur une tour de déclenchement. On note que la rangée de cellules à $\Phi = 0$ est sans électrode. On calcule le temps de montée[3] et l'amplitude maximale pour chaque cellule à partir de sa réponse à un signal d'étalonnage. Le signal de physique a un temps de montée d'environ 49 ns à cet endroit, indépendamment de la position en Φ. Les temps de montée des signaux d'étalonnage sont données dans le tableau 5.2. Les X indiquent des cellules « étranges », c'est-à-dire des cellules en court-circuit sur la couche haute tension et présentant alors une capacité anormalement élevée. Nous y reviendrons au paragraphe 6.2.2, page 142.

Φ \ η	0	1	2	3
3	1415,8	1467,9	1441,4	1465,5
	53,6 ns	52,8 ns	53,0 ns	54,6 ns
2	1406,6	1437,9	1427,7	1429,5
	54,8 ns	53,7 ns	54,1 ns	55,2 ns
1	1368,2	X	X	1441,2
	57,3 ns	X	X	59,2 ns

TAB. 5.2 – *Amplitude et temps de montée des signaux d'étalonnage obtenus en faisceau test (dans une case, 1ere ligne = amplitude (unité arbitraire) et 2e ligne = temps de montée en ns).*

Les valeurs des temps de montée sont données à $\pm 0,5$ ns. On constate que le temps de montée du signal de physique est plus rapide que celui du signal d'étalonnage quelque soit la position en Φ. La figure 5.9 présente un exemple de comparaison d'un signal de physique avec un signal d'étalonnage, les deux courbes étant normalisées à l'amplitude maximale.

De plus, le temps de montée et l'amplitude varient en Φ sur les signaux d'étalonnage. On a une différence de l'ordre de 4 ns sur le temps de montée et une variation de 2 à 3,5% sur l'amplitude entre Φ_1 et Φ_3. Donc le système

---

3. Le temps de montée est défini comme le temps pris entre 5% et 100% de l'amplitude du signal.

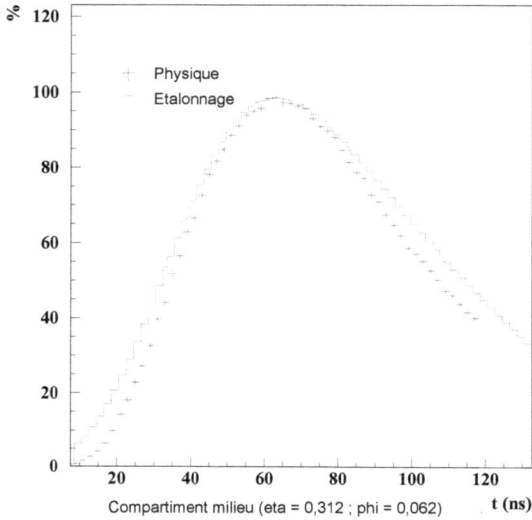

FIG. 5.9 – *Superposition d'un signal de physique avec un signal d'étalonnage dans le compartiment milieu.*

d'étalonnage lui-même est sujet à d'importantes non-uniformités qu'il faut comprendre et corriger pour être conforme aux contraintes données dans le tableau 2.2.

5.5   Conclusion

Le comportement du module à la température de l'argon liquide est très satisfaisant. Nous sommes capable de qualifier un module dans un cryostat « maison » avec notre banc de tests, sans passer par l'arsenal du faisceau test et ses contraintes, dans la mesure où nous trouvons une excellente corrélation entre les deux systèmes. En revanche, le passage des signaux d'étalonnage aux signaux de physique réserve plus de surprises. Il apparaît nécessaire d'approfondir la connaissance de l'ensemble de la chaîne électronique. Le chapitre suivant montre pourquoi nous avons rencontré certaines différences en comparant les signaux de physique et d'étalonnage.

Chapitre 6

Etude du signal et de la diaphonie

6.1 Etude du signal

L'analyse du faisceau test a révélé des différences importantes dans la forme et les caractéristiques du signal de physique comparé au signal d'étalonnage pour les cellules du compartiment milieu. Pour comprendre l'origine de ce problème, un premier travail a été réalisé avec un banc de tests incluant la chaîne de mesure complète, c'est-à-dire les câbles et cartes du module prototype. La seconde étape concerne la simulation de cette chaîne de mesures pour tenter de reproduire les résultats obtenus.

6.1.1 Mesures avec le banc de tests

Dispositif

Les mesures sont effectuées au moyen du banc de tests « maison ». On utilise une carte mère correspondant au secteur 3 à grand rayon, et une carte sommatrice chargée par des barrettes simulant le détecteur. Une barrette est composée de quatre capacités d'environ 900 pF chacune pour simuler les cellules du milieu, et de deux capacités d'environ 650 pF pour simuler les cellules de l'arrière. Pour chaque position en Φ étudiée, On déplace la même barrette pour s'affranchir des dispersions de capacité. On couvre une tour de déclenchement complète, c'est-à-dire 4×4 cellules du compartiment milieu. Le signal d'étalonnage, de 17 V d'amplitude sur 50 Ω et de 2 ns de temps de montée, est envoyé vers les capacités par un câble coaxial de 5 ns. On injecte le signal soit à travers le réseau d'étalonnage sur la carte mère pour reproduire le mode d'injection du signal d'étalonnage du faisceau test, soit au niveau de la carte sommatrice via une résistance d'injection soudée à l'extrémité du câble pour reproduire le signal de physique. Toutes les voies correspondant à la tour de déclenchement étudiée sont terminées par une résistance de 25 Ω. Le signal de sortie, moyenné sur 20 déclenchements, est échantillonné à la fréquence de 2,5 GHz sur 200 ns. La mise en forme est effectuée par convolution numérique avec la fonction donnée à l'équation 3.10. Du signal mis en forme est extrait l'amplitude et le temps de montée 5%-100%.

Méthode

Toutes les valeurs présentées dans les tableaux 6.2 et 6.3 sont extraites des courbes dont un exemple est donné sur la figure 6.1. L'amplitude et le

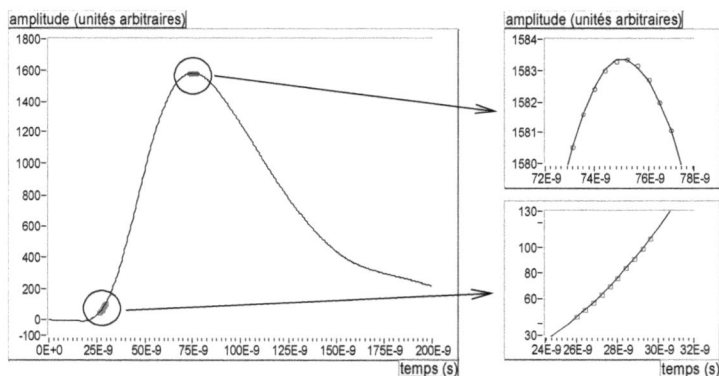

FIG. 6.1 – *Ajustement de paraboles pour déterminer l'amplitude au maximum et le temps de montée à 5%.*

temps à 5% sont tous deux déterminés par un ajustement d'une parabole sur une dizaine de points. Le nombre de points utilisé pour l'ajustement n'est pas critique car les valeurs de temps de montée ajustées sont stables à mieux que 0,1 ns.

La numérotation des cellules au sein d'une tour de déclenchement est donnée dans le tableau 6.1. Dans la configuration utilisée, une douzaine de centimètres de piste sur la carte sommatrice sépare la position Φ_0 de la carte mère, tandis que la position Φ_3 est à environ 1 cm de celle-ci.

Φ \ η	0	1	2	3
3	4	8	12	16
2	3	7	11	15
1	2	6	10	14
0	1	5	9	13

TAB. 6.1 – *Numérotation des voies dans une tour de déclenchement* ($\eta \times \Phi$).

Résultats en injection via le réseau d'étalonnage

A partir du tableau 6.2, on observe :

Φ \ η	0	1	2	3	moyenne
3	1609,8	1629,9	1602,9	1608,4	
	48,30	48,75	49,00	48,77	
2	1604,8	1620,6	1598,4	1602,7	
	50,49	51,10	51,61	50,78	
1	1587,0	1611,0	1586,5	1593,0	
	51,93	52,14	52,80	52,31	
0	1588,3	1605,9	1579,6	1585,6	
	52,10	52,67	53,09	52,47	
Φ_3/Φ_0	1,0135	1,0149	1,0148	1,0144	1,0144
$\Phi_0 - \Phi_3$	3,80	3,92	4,09	3,70	3,88

TAB. 6.2 – *Amplitude et temps de montée des signaux obtenus en injectant à travers le réseau d'étalonnage (1ere ligne = amplitude (unité arbitraire) et 2eme ligne = temps de montée en ns).*

- une différence d'environ 4 ns entre le temps de montée des cellules à Φ_0 et le temps des cellules à Φ_3 à η donné. La différence est attribuée à la carte sommatrice, équivalente à une inductance plus ou moins importante en fonction de Φ. Cet effet inductif induit une distorsion sur le début de la montée du signal.

- une variation d'amplitude d'environ 1,5% entre deux positions extrêmes en Φ à η fixé.

- une augmentation d'amplitude pour une valeur de Φ donnée entre $\eta = 0$ et $\eta = 1$ d'environ 1,2%. Ceci est cohérent avec les valeurs de capacité sur la barrette de référence : 925 pF et 885 pF.

Les différences d'amplitude et de temps de montée en fonction de Φ sont illustrées sur le graphique de gauche de la figure 6.2.

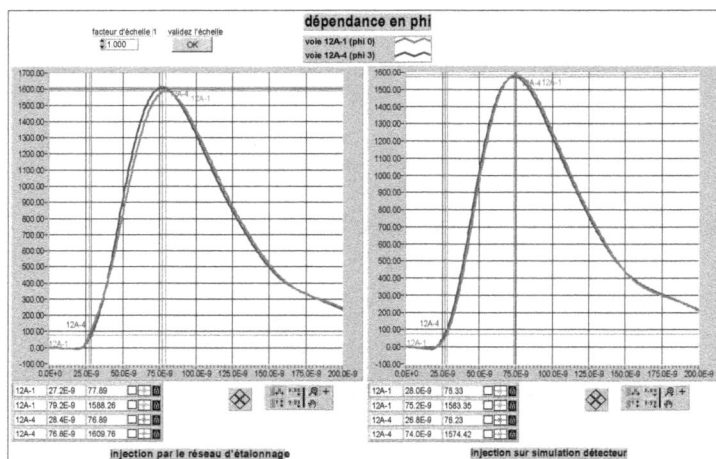

FIG. 6.2 – *Comparaison entre les signaux à Φ_0 et Φ_3 pour les deux systèmes d'injection.*

Résultats en injection au niveau de la carte sommatrice

A partir du tableau 6.3, on observe :

Φ \ η	0	1	2	3	moyenne
3	1645,3	1666,3	1644,8	1647,0	
	46,90	47,46	47,97	47,69	
2	1663,2	1689,0	1666,3	1660,0	
	47,06	46,79	47,41	47,09	
1	1659,2	1693,1	1660,6	1657,0	
	46,99	46,83	47,28	47,21	
0	1654,6	1691,6	1659,5	1662,1	
	46,90	47,13	47,67	47,33	
Φ_3/Φ_0	0,9944	0,9850	0,9911	0,9909	0,9904
moy. tps montée	46,96	47,05	47,58	47,33	

TAB. 6.3 – *Amplitude et temps de montée des signaux obtenus en injectant au niveau de la carte sommatrice.*

– aucune différence notable de temps de montée entre les cellules à Φ_0 et celles à Φ_3 à η donné.

– une variation d'amplitude d'environ 1% entre deux positions extrêmes en Φ à η fixé.

– une augmentation d'amplitude pour un Φ donné entre $\eta = 0$ et $\eta = 1$ comprise entre 1,2% et 2,2%.

Le graphique de droite de la figure 6.2 illustre la superposition des signaux pour deux positions extrêmes en Φ. Il n'apparaît pas de différence de temps de montée en fonction de Φ.

Différence entre les deux systèmes

Dans le tableau 6.3, les valeurs des amplitudes sont multipliées par un facteur 1,045 par rapport aux données brutes. Ce facteur de normalisation permet d'obtenir la même amplitude sur le plateau avant mise en forme, pour les deux configurations. Cette différence d'amplitude observée se retrouve à partir des schémas équivalents des deux dispositifs (voir figure 6.3).

Le schéma équivalent correspondant à l'injection par le réseau d'étalonnage donne[1] :

$$i_{cal} = \frac{R_{cal}I_{cal}}{r + R_{cal}}, \; R_{cal} = 1014 + 50//53,85 \text{ en } \Omega$$

$$\text{avec } 53,85 = 84,5//[(1014 + 25)/7]$$

$$I_{cal} = \frac{e}{50} \times \frac{50//53,85}{50//53,85 + 1014} \rightarrow i_{cal} = 4,870.10^{-4} \times e$$

Le schéma équivalent correspondant à l'injection directe donne :

$$R_{dir} = (1014 + 53,85)//(1000 + 51//50)$$

$$I_{dir} = \frac{e}{50} \times \frac{51//50}{1000 + 51//50} \rightarrow i_{dir} = 4,654.10^{-4} \times e$$

Le rapport i_{cal}/i_{dir} fait apparaître un facteur 1,046. En fait, dans le cas de l'injection directe qui reproduit le signal de physique, on a deux réseaux d'injection en parallèle au lieu d'un, ce qui modifie le courant circulant dans la résistance de sortie.

---

1. La notation $Z_1//Z_2$ signifie que les impédances Z_1 et Z_2 sont en parallèle : $Z_1//Z_2 = Z_1Z_2/(Z_1 + Z_2)$.

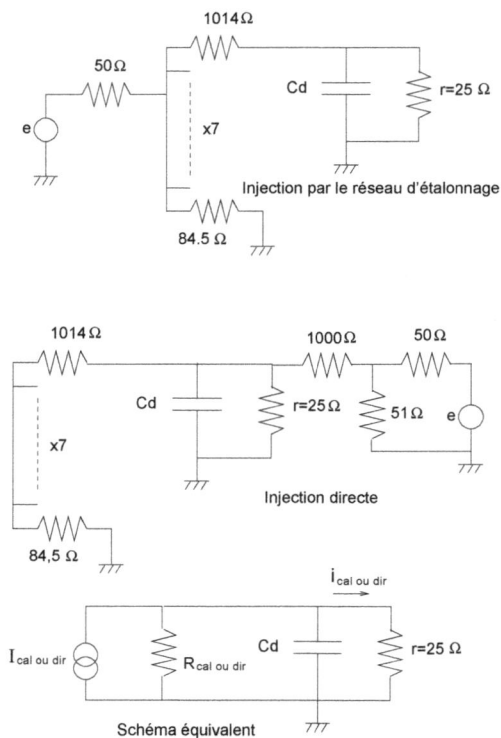

FIG. 6.3 – *Schéma électrique correspondant à chaque type d'injection et schéma équivalent pour comparer le courant de sortie dans les deux cas.*

Comparaison des signaux entre les deux systèmes

Comparons les signaux de physique et d'étalonnage pour mettre en évidence les différences de comportement entre les deux systèmes. Sur le temps de montée, on trouve un écart en moyenne de 1,2 ns à Φ_3 et de 5,3 ns à Φ_0 (voir tableau 6.4).

Le signal de physique est toujours plus rapide quelque soit la position en Φ, comme nous l'avons vu au paragraphe 5.4. On retrouve une différence

Φ \ η	0	1	2	3	moyenne
3	1,40	1,29	1,03	1,08	1,20
2	3,43	4,31	4,20	3,69	3,91
1	4,94	5,31	5,52	5,10	5,22
0	5,20	5,54	5,42	5,14	5,33

TAB. 6.4 – *Différence de temps de montée (en ns) entre signaux d'étalonnage et de physique pour toutes les cellules de la tour de déclenchement.*

de temps de montée entre les deux dispositifs, allant jusqu'à 5,3 ns pour la position la plus éloignée de la carte mère. Un exemple de signaux obtenus dans les deux configurations est donné sur la figure 6.4. Avant ou après mise en forme, la différence de temps de montée apparaît clairement.

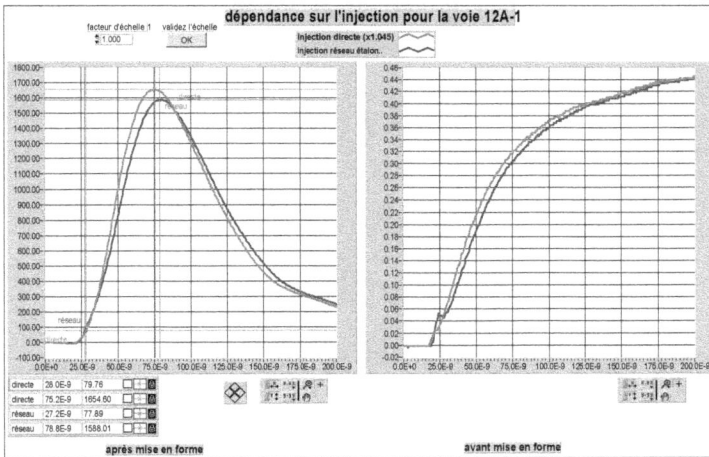

FIG. 6.4 – *Signaux avant et après mise en forme en injection directe et via le réseau d'étalonnage.*

Les amplitudes sont aussi différentes, avec une différence de 2,4% entre Φ_0 et Φ_3 (voir tableau 6.5).

Si on veut regarder l'uniformité en fonction de η, il est tout d'abord nécessaire de corriger les valeurs d'amplitude en se normalisant à une valeur

$\Phi \diagdown^{\eta}$	0	1	2	3	moyenne
3	1,022	1,022	1,026	1,024	1,024
2	1,036	1,042	1,043	1,036	1,039
1	1,046	1,051	1,047	1,040	1,046
0	1,042	1,053	1,051	1,048	1,049
Φ_0/Φ_3	1,020	1,030	1,024	1,023	1,024

TAB. 6.5 – *Rapport d'amplitude entre signaux de physique et d'étalonnage, en fonction de la position en Φ. Ecart entre Φ_0 et Φ_3 à η fixé.*

de capacité, car sur la barrette simulant le détecteur, toutes les valeurs sont différentes. Ce facteur correctif sera obtenu par simulation électrique (voir §6.1.2).

En conclusion, les différences observées au chapitre précédent entre les signaux d'étalonnage et de physique obtenus sur le module se retrouvent dans cette étude de la chaîne d'acquisition. Ceci confirme l'origine de ces différences, attribuée aux cartes d'électronique, et non pas au module lui-même.

6.1.2   Simulation

Les simulations présentées dans ce paragraphe ont été réalisées au moyen du logiciel *AWB*. Elles visent à reproduire la chaîne d'acquisition du banc de tests en incluant les différents effets parasites pour comprendre les résultats présentés au paragraphe précédent.

Schéma et paramètres de départ

Le schéma est présenté sur la figure 6.5. La partie de gauche simule la carte d'injection. Le générateur délivre un créneau de 17 V d'amplitude sur 50 Ω, avec un temps de montée de 5 ns. Ce temps tient compte de la dégradation du front de montée sur les 10 mètres de câble entre la sortie de la carte TPA et l'arrivée sur la carte mère. On prend une valeur typique de 1000 pF pour une cellule du compartiment milieu. Le couplage inductif présenté sur le schéma 6.5 se situe sur les pistes et connecteurs au niveau de la carte mère. La ligne de transmission simule la longueur de la carte sommatrice, c'est-à-dire les différentes cellules en Φ. Le signal de sortie est envoyé dans la boîte « fonction de transfert » qui réalise la mise en forme, avec une constante de temps de 13 ns.

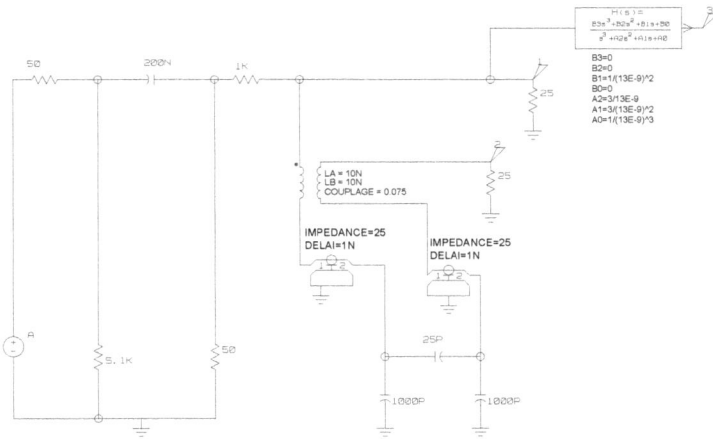

FIG. 6.5 – *Schéma équivalent correspondant à une voie excitée par le réseau d'étalonnage et une voie adjacente couplée de manière inductive et capacitive.*

Résultats

jeu de paramètres n°1

Cette première simulation cherche à reproduire les effets observés en Φ. Les différents signaux sont obtenus avec le schéma de la figure 6.5 en faisant varier la longueur de ligne qui simule la carte sommatrice. On modifie ainsi l'inductance due à la carte sommatrice. Le couplage capacitif présent sur ce schéma n'a aucune incidence sur le signal lui-même. Les amplitudes et temps de montée pour chaque valeur de délai sont donnés dans le tableau 6.6. Les

Délai (ns)	Inductance éq. (nH)	Tps 5-100% (ns)	Ampl (mV)
0,00	0	41,67	72,18
0,25	6,25	43,69	71,56
0,50	12,5	44,78	70,94
0,75	18,75	45,60	70,33
1,00	25	46,66	69,72

TAB. 6.6 – *Amplitude et temps de montée du signal d'étalonnage en fonction de l'inductance sur les cartes sommatrices.*

courbes correspondantes se trouvent sur la figure 6.6.

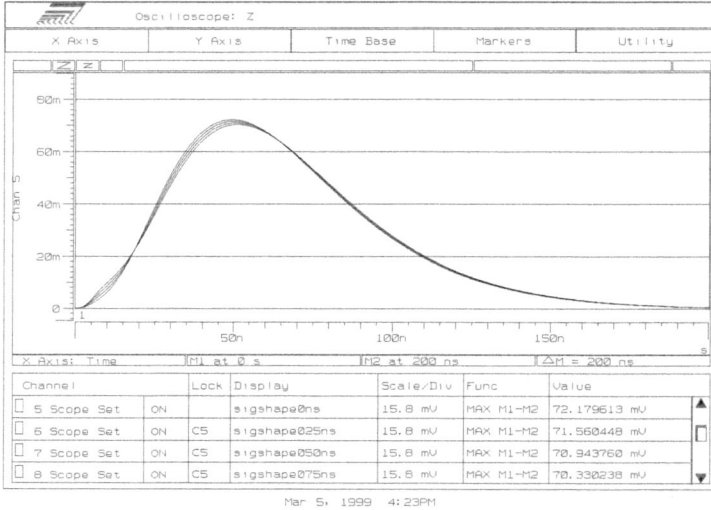

FIG. 6.6 – *Signaux après mise en forme pour différentes cellules en* Φ.

Pour comparer ces valeurs avec les valeurs du tableau 6.2, on considère que la barrette Φ_3 située sous la carte mère est simulée avec un délai proche de 0 ns, alors que les autres sont séparées de 0,25 ns. On trouve :

- une différence de 3,93 ns sur le temps de montée entre 0 et 0,75 ns de délai, et sur les données entre Φ_0 et Φ_3 une différence de 3,88 ns.

- une variation d'amplitude entre les positions Φ_3 et Φ_0 de 2,6% par simulation et de 1,44% avec les données. La différence provient de l'atténuation des signaux dans les câbles non simulée ici.

- la valeur du temps de montée donnée par simulation, voisine de 44 ns, est plus petite que celle mesurée, autour de 50 ns. Dans notre simulation, l'effet d'intégration des câbles n'est pas inclus, ce qui explique la différence observée.

jeu de paramètres n°2

Nous souhaitons comparer les valeurs d'amplitude en η dans les données expérimentales. Il est nécessaire pour cela de normaliser ce paramètre aux valeurs de capacités. Les valeurs de capacités se trouvant sur la barrette de référence ont été mesurées au capacimètre (voir tableau 6.7).

Capacité (pF) en η	0	1	2	3
milieu	925	885	920	915
arrière		650		680

TAB. 6.7 – *Valeur des capacités placées sur la barrette de référence.*

On réalise deux simulations, l'une avec une capacité détecteur de 920 pF, l'autre avec 885 pF dans les deux positions les plus éloignées en Φ. Les résultats de simulation sont donnés dans le tableau 6.8. On voit que l'amplitude varie

Capacité (pF)	Délai (ns)	Tps 5-100% (ns)	Ampl (mV)
920	0,00	40,91	74,57
	1,00	45,52	72,09
885	0,00	40,51	75,67
	1,00	45,23	73,18

TAB. 6.8 – *Variation de l'amplitude et du temps de montée en fonction de la capacité pour une position en Φ donnée.*

de 1,5% quand la valeur de capacité varie de 3,8% quelque soit la valeur du délai. On peut ainsi corriger les valeurs d'amplitude pour les autres valeurs de capacités. On divise les amplitudes mesurées par le facteur correctif donné dans le tableau 6.9, en prenant la valeur à 920 pF comme référence. Les

η	0	1	2	3
fact. correctif	0,998	1,015	1,000	1,002

TAB. 6.9 – *Facteur correctif pour chaque capacité de la barrette.*

nouvelles valeurs d'amplitude corrigées et normalisées par rapport à la valeur moyenne sont présentées dans les tableaux 6.10 et 6.11.

D'après le tableau 6.10, à Φ fixé, la mesure en fonction de η est stable à mieux que 0,5%. On retrouve l'écart entre Φ_0 et Φ_3 de 1,43%. D'après le tableau 6.11, la mesure en fonction de η à Φ fixé est stable à mieux que 0,5%. L'écart entre Φ_0 et Φ_3 vaut dans cette configuration 0,95%.

$\Phi \backslash \eta$	0	1	2	3	moyenne
3	1,011	1,007	1,005	1,006	1,0073
2	1,008	1,001	1,002	1,003	1,0035
1	0,997	0,995	0,995	0,997	0,9960
0	0,998	0,992	0,990	0,992	0,9930

TAB. 6.10 – *Amplitudes corrigées et normalisées des signaux obtenus par injection via le réseau d'étalonnage.*

$\Phi \backslash \eta$	0	1	2	3	moyenne
3	0,995	0,991	0,992	0,992	0,9925
2	1,005	1,004	1,005	1,000	1,0035
1	1,003	1,006	1,002	0,997	1,0020
0	1,000	1,006	1,001	1,001	1,0020

TAB. 6.11 – *Amplitudes corrigées et normalisées des signaux obtenus par injection directe sur la carte sommatrice.*

Nous venons de voir que l'origine de la dispersion des signaux en Φ vient de la variation de l'inductance sur les cartes sommatrices. En revanche, nous constatons que le système carte mère et carte sommatrice introduit une faible dispersion en η, du point de vue de l'étalonnage comme de la physique.

jeu de paramètres n°3

On injecte également au niveau de la cellule pour tenter de simuler le signal de physique. Les autres paramètres de la simulation restent inchangés. Les valeurs obtenues sont données dans le tableau 6.12.

Délai (ns)	Tps 5-100% (ns)	Ampl (mV)
0,00	38,77	73,17
1,00	38,89	73,16

TAB. 6.12 – *Amplitude et temps de montée du signal de physique en fonction de la position en Φ.*

On constate que :
- l'amplitude ne dépend plus de la position en Φ.
- le temps de montée varie de 0,3% au lieu de 12% sur les signaux d'étalonnage, pour une variation de délai de 1 ns.
- le temps de montée du signal de physique, autour de 39 ns, est plus petit que celui d'étalonnage, voisin de 44 ns selon Φ. Un exemple est

donné sur la figure 6.7.

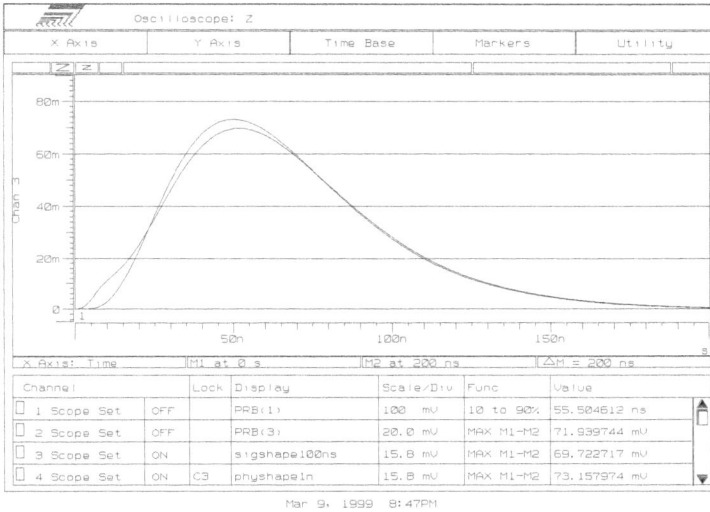

Oscilloscope: Z

X Axis   Y Axis   Time Base   Markers   Utility

Z Z

80m

60m

40m

20m

0

50n   100n   150n

X Axis: Time   M1 at 0 s   M2 at 200 ns   △M = 200 ns

Channel		Lock	Display	Scale/Div	Func	Value	
1 Scope Set	OFF		PRB(1)	100 mV	10 to 90%	55.504612 ns	
2 Scope Set	OFF		PRB(3)	20.0 mV	MAX M1-M2	71.939744 mV	
3 Scope Set	ON		sigshape100ns	15.8 mV	MAX M1-M2	69.722717 mV	
4 Scope Set	ON	C3	physhape1n	15.8 mV	MAX M1-M2	73.157974 mV	

Mar 9, 1999 8:47PM

FIG. 6.7 – *Comparaison des signaux de physique et d'étalonnage à Φ_0.*

On compare les différences de temps de montée des signaux d'étalonnage et de physique en fonction de Φ entre les données et la simulation (voir tableau 6.13). Les différences sont systématiquement plus fortes par simulation, ce qui

Φ	Données (ns)	Simulation (ns)
3	1,20	2,87
2	3,91	4,89
1	5,22	5,98
0	5,33	6,80

TAB. 6.13 – *Comparaison des différences de temps de montée des signaux d'étalonnage et de physique en fonction de Φ entre les données et la simulation.*

prouve que la correspondance entre la position en Φ et le délai dans la carte sommatrice est un peu grossière. De plus, le signal de sortie expérimental en injection directe présente une petite distorsion que ne reproduit pas la simulation. Cette distorsion augmente le temps de montée, et par conséquent diminue l'écart entre signaux d'étalonnage et de physique. Mais les variations sont qualitativement cohérentes.

De la même manière, on compare les rapports d'amplitude des signaux d'étalonnage et de physique (voir tableau 6.14). Comme précédemment, on

Φ	Données	Simulation
3	1,024	1,014
2	1,039	1,022
1	1,046	1,031
0	1,049	1,040
Φ_0/Φ_3	1,024	1,026

TAB. 6.14 – *Comparaison des rapports d'amplitude des signaux d'étalonnage et de physique en fonction de Φ.*

a un décalage systématique entre données et simulation, mais l'évolution est cohérente. De plus, le rapport Φ_0/Φ_3 expérimental est compatible avec la simulation.

6.1.3 Conclusion

A travers cette étude, nous avons étudié les différences existant entre le signal d'étalonnage et celui de physique. Du point de vue électrique, nous sommes en présence de deux systèmes différents, car l'injection de charges n'a pas lieu au même point. Nous avons interprété nos mesures à l'aide de simulations pour comprendre les phénomènes observés. Deux problèmes sont mis en évidence. D'une part, la partie inductive de notre circuit affecte de manière significative le signal d'étalonnage, et d'autre part les pistes de longueur variable sur les cartes sommatrices affectent l'uniformité en Φ.

Cette étude, ajoutée à d'autres mesures [47], nous a amené à revoir le dessin des cartes d'électronique. Sur les cartes sommatrices, les pistes ont été redessinées pour obtenir une longueur identique quelque soit la cellule. Ainsi, en homogénéisant les valeurs d'inductance pour chaque position en Φ, on minimise la dispersion.

6.2   Etude de la diaphonie

6.2.1   Introduction

En plus des distorsions sur le signal, les problèmes mis en évidence sur les cartes d'électronique peuvent également induire de la diaphonie. Pour compléter la compréhension de notre détecteur et de la chaîne d'acquisition associée, nous devons étudier en détail les types de couplages et leur origine au sein de notre dispositif.

Cette étude a été réalisée au moyen de deux dispositifs, celui du faisceau test au CERN et celui du banc de tests au LAPP. Tous deux ont été décrit au chapitre précédent (voir le tableau 5.1).

6.2.2   Etude de la diaphonie sur le signal mis en forme

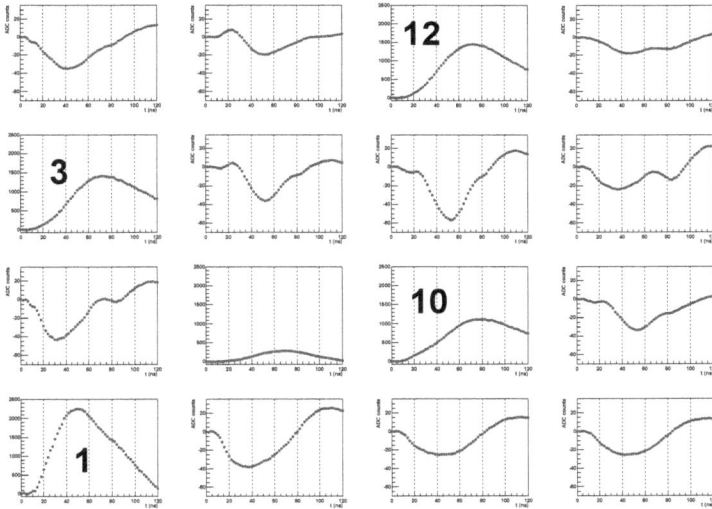

FIG. 6.8 – *Signaux et diaphonie après mise en forme sur le* **faisceau test**, *pris sur une tour de déclenchement ($\eta = 0,4$ à 0,6 et $\Phi = 0,0$ à 0,1).*

On étudie la diaphonie entre les cellules du compartiment milieu, dans une tour de déclenchement complète. D'après le câblage, quatre voies sont excitées simultanément (voies 1, 3, 10, 12 du tableau 6.1 dans notre cas). Les cellules non excitées mettent en évidence un signal de diaphonie en η et en Φ.

Les mesures en faisceau test apparaissent sur la figure 6.8. La constante de temps du circuit de mise en forme est de l'ordre de 15 ns. Quand on regarde la diaphonie, il apparaît principalement un lobe négatif entre 1,5% et 4% du signal, auquel s'ajoute parfois un pic positif. En fait, l'effet est différent pour une cellule placée ou non à côté en η d'une cellule excitée. La rangée du bas de la figure, croissante en η de la gauche vers la droite, correspond à une zone non équipée en électrode. La diaphonie dans cette rangée est attribuée aux cartes mères et aux cartes sommatrices. La forme du signal est invariante en η.

On compare ces données avec celles prises au moyen du banc de tests sur la même tour de déclenchement (voir figure 6.9). La constante du filtre

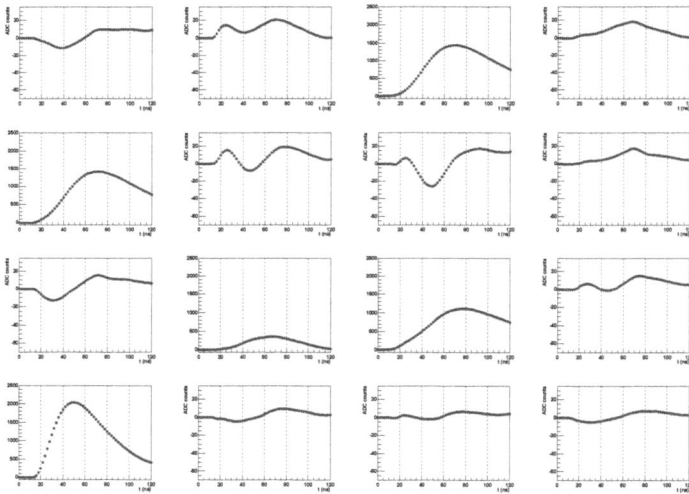

FIG. 6.9 – *Signaux et diaphonie après mise en forme sur le* **banc de tests**, *même configuration que la figure précédente.*

numérique est réglée à 13 ns. On constate que les formes et les amplitudes de diaphonie sont très différentes, avec en général un ou deux lobes positifs.

En revanche, la réponse des cellules non équipées en électrode est similaire, mais l'amplitude du lobe négatif est au moins cinq fois plus petite.

Vers une composante systématique...

Pour comprendre les différences observées au niveau de la diaphonie entre les deux systèmes de tests, on soustrait les signaux obtenus en faisceau test de ceux obtenus avec le banc de tests. La normalisation des signaux entre les deux systèmes de mesure est faite à partir des cellules excitées ayant quatre électrodes. Le résultat est donné sur la figure 6.10. Pour les cellules excitées,

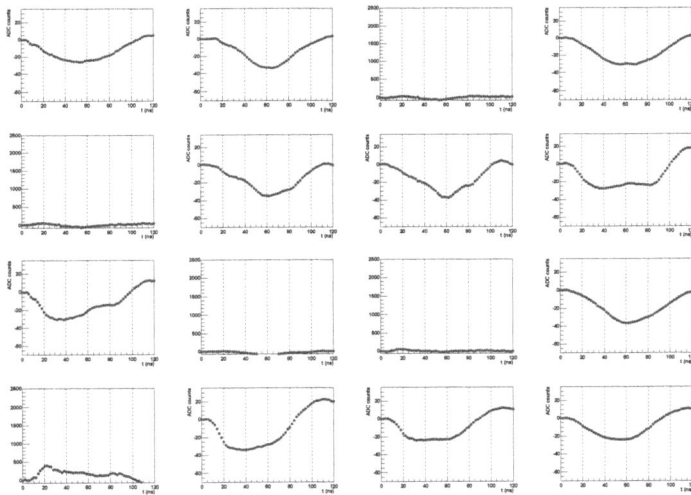

FIG. 6.10 – *Soustraction des signaux* « **faisceau test - banc de tests** ».

le résidu après soustraction correspond à la différence des signaux d'injection (voir tableau 5.1). Pour la diaphonie, une composante négative systématique apparaît distinctement, avec une amplitude d'environ 30-40 canaux d'ADC, soit plus de 2% du signal. Ce lobe négatif est également présent dans les cellules sans électrode, confirmant que l'origine de cette composante n'est pas liée au détecteur. Cette étude est confirmée par l'analyse d'une autre tour de déclenchement d'un secteur différent. A partir de là, on conclut qu'il existe une composante parasite sur la chaîne de mesures du faisceau test. Elle ne vient apparemment ni du détecteur, ni de la carte mère (voir §6.2.4 sur l'influence de cette partie), ni des câbles. Son origine est à rechercher au niveau des traversées chaud-froid du cryostat au CERN (voir note [35], paragraphe *Long distance crosstalk*). Pour comprendre la diaphonie intrinsèque au détecteur et s'affranchir de ce lobe parasite, les mesures qui suivent ont été effectuées sur le module au moyen de la baie de tests.

Les voies étranges !

En reprenant la figure 6.8, on constate qu'une des cellules excitées, portant le numéro 10, répond avec une amplitude plus faible : environ 1100 canaux d'ADC au lieu de 1400. L'amplitude de sa voisine à $(\eta - 1)$ vaut environ 300 canaux d'ADC, alors qu'en général cette valeur se situe autour de quelques dizaines de canaux. La forme du signal de cette cellule voisine se rapproche plus de celle d'une voie excitée. On peut soupçonner un couplage capacitif anormalement élevé. Deux possibilités sont envisagées pour expliquer ce phénomène :

1. le premier scénario est un court-circuit entre deux cellules en η sur la couche externe de l'électrode. Sur la couche externe, les compartiments milieu et arrière sont segmentés en petits pavés reliés par des résistances sérigraphiées (voir §2.3.4). Ainsi, pour le compartiment milieu, seulement 1/10 de surface est concerné en cas de court-circuit, ce qui rend l'hypothèse plausible par rapport aux résultats de simulation (voir les calculs dans le §6.2.3 page 146). Ce scénario peut expliquer un effet local, comme pour les cellules étranges isolées que l'on identifie sur la figure 6.11.

2. une deuxième possibilité réside dans le décalage éventuel en η de la couche interne de l'électrode par rapport à une des couches externes, favorisant ainsi la diaphonie en η par l'intermédiaire de la capacité de kapton. En effet, la capacité de kapton étant environ 100 fois plus élevée que la capacité détecteur, l'impédance équivalente est faible devant l'impédance d'une cellule du détecteur. Seule la surface correspondant au décalage est concernée dans la capacité de diaphonie.

   On constate que 20% du signal injecté passe par cette voie. Ce scénario peut s'expliquer par un défaut de collage entre le kapton double face cuivré et le kapton simple face. Dans ce cas, l'effet de translation devrait être envisagé de manière globale. C'est ce que l'on constate sur les électrodes A pour $0,1 < \Phi < 0,125$ (voir figure 6.11). Nous verrons en fait que cette hypothèse n'est pas réaliste (voir page 146).

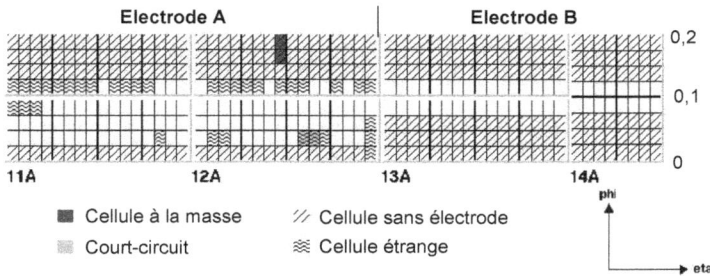

FIG. 6.11 – *Cartographie des cellules étranges sur le module prototype.*

6.2.3 Etude de la diaphonie sur le signal avant mise en forme

Les différentes formes

Avec le banc de tests, les mesures non perturbées par la composante parasite permettent une étude des signaux avant mise en forme pour comprendre les origines de la diaphonie. Ces mesures (voir figure 6.12) concernent toujours la même zone. On extrait les informations suivantes :

- sur les quatre voies excitées, trois sont des cellules complètes, comportant quatre électrodes. On observe, en plus de la charge capacitive, une marche au début de la courbe, alors qu'elle est inexistante sur la cellule sans électrode. Cette marche est expliquée par un effet inductif provenant du détecteur, surtout sur le compartiment milieu qui comporte une piste d'une dizaine de cm reliant la cellule au connecteur situé à grand rayon (voir simulation page 144).

- le signal de diaphonie dans les cellules juxtaposées en η aux cellules excitées comporte deux composantes. Un premier pic positif, rapide, qui arrive en temps avec la marche sur le signal, est relié à un effet inductif. Vient ensuite une bosse positive, plus lente, qui traduit un couplage capacitif entre cellules voisines (voir simulation page 144).

- la diaphonie en Φ se traduit par une composante négative qui apparaît plus clairement sur la figure 6.18. En effet, sur la figure 6.12, il ne faut considérer que les cellules 2 et 4, car la cellule 9 est sans électrode, et la cellule 11 est à côté d'une voie étrange.

- la diaphonie sur les cellules sans électrode est une superposition de

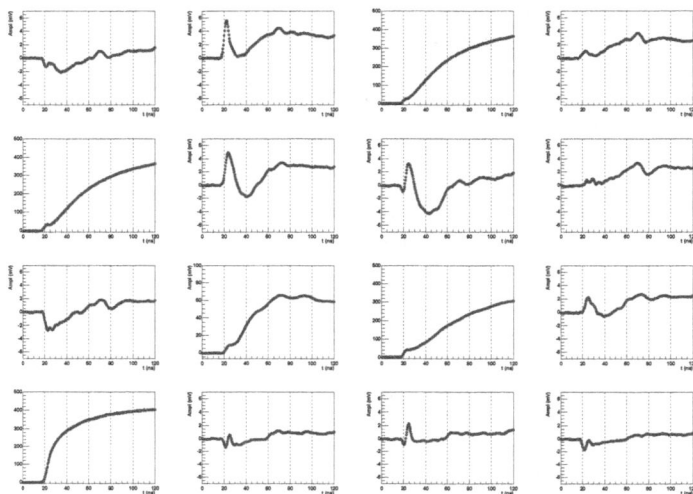

FIG. 6.12 – *Signaux et diaphonie avant mise en forme obtenus avec le banc de tests.*

l'effet inductif avec la composante négative. Le détecteur n'est donc pas le seul responsable du couplage inductif entre voies. En revanche, le couplage capacitif disparait.

Simulation 1

Pour faciliter l'interprétation des phénomènes correspondants, une simulation électrique a été réalisée. Le circuit complet est décrit sur la figure 6.13. Sur la partie de gauche est représenté le générateur d'impulsions qui envoie un front montant en 5 ns. Le signal est injecté sur une cellule du détecteur, symbolisée par une capacité de 1 nF, via une résistance de 1 kΩ. Deux effets parasites sont simulés : un couplage capacitif entre deux cellules voisines en η au niveau de la couche interne, et un couplage inductif qui peut avoir lieu au niveau des cartes mères et/ou au niveau des pistes conduisant aux cellules du milieu. L'inductance de 20 nH devant chaque cellule correspond à la valeur typique sur le compartiment milieu pour le secteur étudié donnée dans le TDR (voir [13, figure 10-22]). On regarde la cellule excitée et la diaphonie

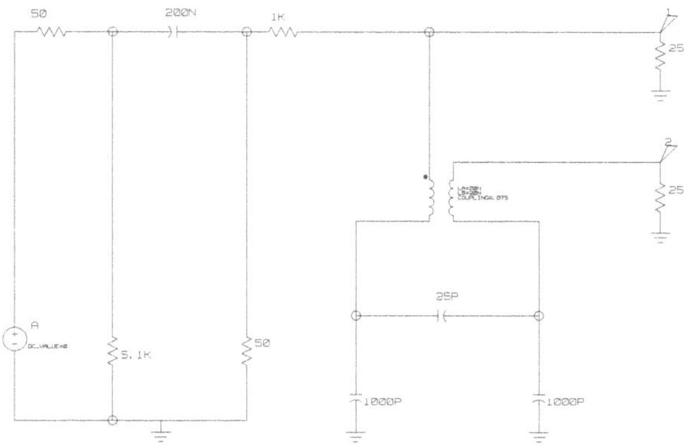

FIG. 6.13 – *Schéma électrique équivalent de deux cellules avec couplage inductif et capacitif.*

dans une cellule voisine simultanément (figure 6.14).

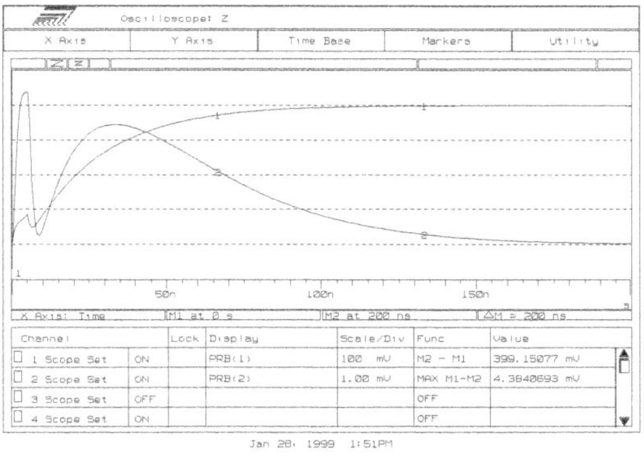

FIG. 6.14 – *Résultat de la simulation avec les paramètres suivants : capacité de couplage de 25 pF, inductance de 20 nH et coef. de couplage de 0,075. Voie 1 : cellule excitée et voie 2 : cellule voisine.*

Le signal de sortie correspondant à la voie excitée montre une charge capacitive à laquelle vient se superposer un effet inductif. On remarque que cet effet est moins prononcé sur les données. Expérimentalement, le temps de montée du signal d'injection est dégradé par les 10 mètres de câbles qui relient la cellule au banc de tests. Quant à la forme du signal de diaphonie, elle reproduit bien les effets vus dans les données pour les cellules voisines en η (voir figure 6.12). Un premier pic raide arrive en temps avec le pic dans le signal, et son amplitude est gouvernée par le couplage inductif entre les deux voies. Puis vient une seconde bosse qui correspond à la dérivée de la charge capacitive. L'amplitude et la durée de cette bosse dépendent de la valeur de la capacité de couplage. Les valeurs de capacité de diaphonie et d'inductance mutuelle sont obtenues en ajustant les amplitudes des deux pics avec les données expérimentales. On trouve ainsi une valeur de 25 pF pour la capacité et un coefficient de couplage de 0,075 pour la mutuelle inductance (voir figure 6.13).

La capacité théorique de diaphonie par unité de longueur est obtenue au moyen du logiciel *Allegro*[2]. On simule les différentes couches constituant le sandwich électrode - absorbeur : type de matériau, épaisseur, diélectrique, taille des cellules. On obtient alors directement les capacités de couplage entre chaque couche. Pour les bandes du milieu, on trouve une capacité de 0,146 pF/cm. La capacité théorique pour une cellule du compartiment milieu vaut :

$$0,146 \text{ pF/cm} \times 50 \text{ cm} \times 4 \text{ electrodes } = 29 \text{ pF}$$

La durée du pic inductif, d'environ 10 ns, est cohérente avec les données. La simulation montre l'effet de retard entraîné par l'inductance sur le couplage capacitif. Si on compare le début de la montée du signal sans couplage inductif, il a 10 ns d'avance.

Simulation 2

Pour vérifier les hypothèses concernant les voies étranges, on augmente fortement la valeur de la capacité de diaphonie. Le résultat de la simulation est présenté sur la figure 6.15. Une capacité de 500 pF est nécessaire pour retrouver une amplitude de diaphonie compatible avec les données, c'est-à-dire 20% du signal d'une cellule excitée. Dans cette situation, on s'aperçoit que le pic inductif disparait presque totalement. Cet effet est en accord avec les mesures expérimentales.

Avec l'hypothèse d'un court-circuit sur la couche externe (première hypothèse), on met en jeu deux capacités kapton en série (voir schéma 6.16), sachant qu'elles correspondent à un pavé (1/10 de surface) sur un côté d'une électrode (1/8 d'épaisseur de cellule). Si on considère le secteur 3 étudié, on

---

2. Logiciel de la société Cadence pour la réalisation de cartes d'électronique.

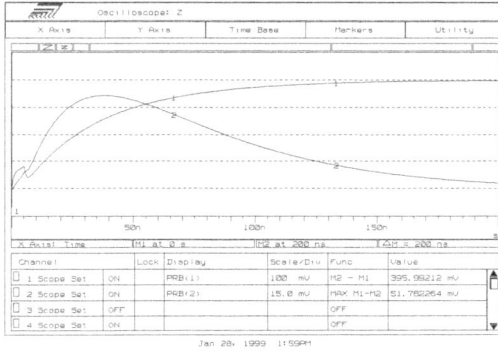

FIG. 6.15 – *Résultat de la simulation pour une voie étrange : capacité de couplage de 500 pF.*

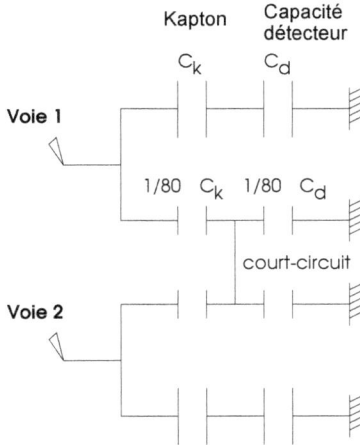

FIG. 6.16 – *Premier scénario : court-circuit sur la couche externe.*

s'attend à une capacité détecteur d'environ 1 nF. La capacité kapton équivalente est de l'ordre de 100 nF. On obtient donc deux capacités en série de 100 nF/80 = 1,25 nF chacune. L'ensemble des deux capacités donne une valeur totale de 625 pF, à rapprocher de la valeur de 500 pF utilisée dans la simulation. Cette hypothèse apparaît donc raisonnable[3].

Dans le cadre du deuxième scénario (schéma 6.17), évaluons le décalage entre couches correspondant à cette capacité de diaphonie. La simulation

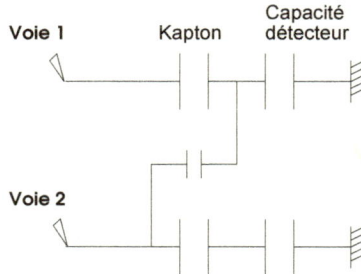

FIG. 6.17 – *Deuxième scénario : décalage entre les couches interne et externe.*

donne 500 pF, soit une fraction de la capacité de kapton correspondant à la taille d'une cellule. En considérant que le problème n'a lieu que sur une des deux couches externes d'une électrode parmi 4 au sein d'une cellule, on prend 100 nF/8 comme valeur de capacité de découplage. A épaisseur constante, le rapport des capacités est égal au rapport des surfaces, d'où :

$$\text{décalage} = (\text{largeur cellule}) \times \frac{(0,5 \text{ nF})}{(100 \text{ nF})/8} = (10 \text{ cm}) \times \frac{0,5}{100/8} = 4 \text{ mm}$$

Ce décalage est bien évidemment trop grand et rend donc non plausible ce scénario.

Etude en injection directe

Pour poursuivre notre étude dans la compréhension de la diaphonie, on doit s'affranchir de certains effets potentiels :

- dus aux câbles d'injection. L'impulsion de 17 V d'amplitude envoyée sur les harnais d'étalonnage est susceptible d'introduire une diaphonie supplémentaire.
- dus au système de distribution du signal d'étalonnage. Les cartes mères peuvent être source de diaphonie.

---

3. Lors du démontage du module, cette hypothèse s'est avérée être correcte. Les court-circuits ont pu facilement être mis en évidence au moyen d'un multimètre.

On excite désormais chaque cellule de manière indépendante. On utilise un câble de 56 ns pour reproduire la longueur des harnais d'injection. Le câble est terminé par une résistance d'injection de 1 kΩ et une adaptation de 50 Ω. On se place directement sur la connection entre carte mère et carte sommatrice. La lecture des signaux se fait en revanche par le système classique au moyen des harnais signaux et du multiplexeur. De cette manière, on visualise une tour de déclenchement complète comportant une seule cellule excitée et on étudie la diaphonie dans les autres cellules, sans perturbation venant de l'injection ou d'autres cellules excitées. Un exemple en est donné sur la figure 6.18.

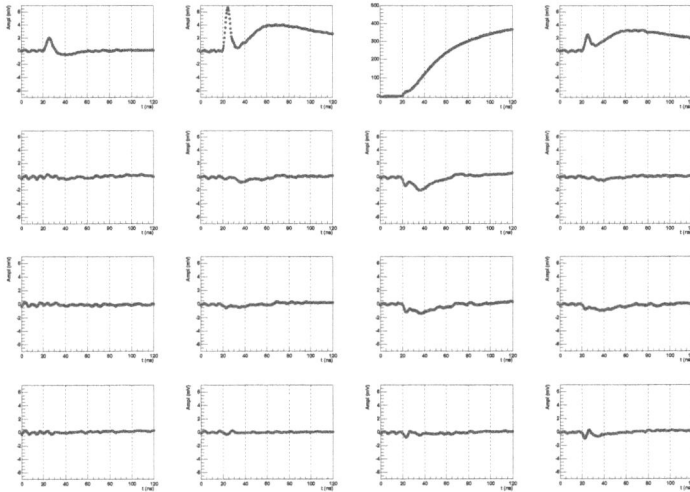

FIG. 6.18 – *Signal et diaphonie avec la voie 12 excitée en injection directe.*

On excite successivement les quatre voies correspondant à une même ligne d'étalonnage, et on effectue la somme de tous les signaux obtenus au sein de la tour de déclenchement pour reproduire les mesures obtenues en passant par le système standard (voir figure 6.19). On met ainsi en évidence les différentes contributions à la diaphonie :

1. on retrouve globalement les mêmes formes de signaux obtenues avec les harnais d'injection (figure 6.12). L'effet inductif est légèrement plus

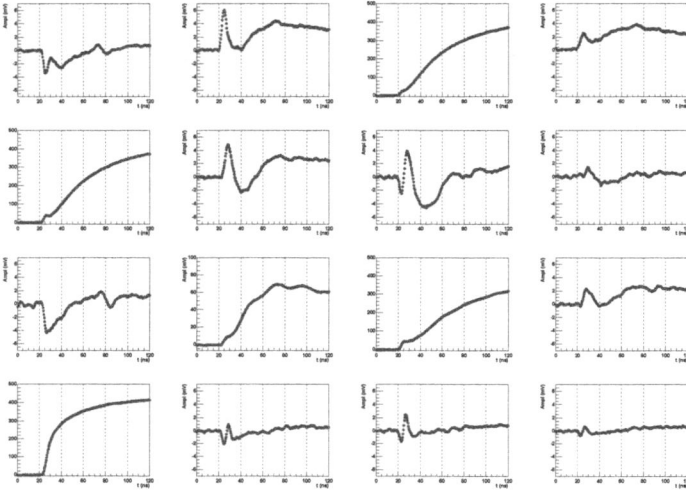

FIG. 6.19 – *Somme de tous les signaux quand on excite successivement les voies 1, 3, 10, 12 en injection directe.*

fort en injection directe, car les câbles de type *lemo* atténuent moins le signal que les câbles avec isolant kapton[4] utilisés sur le module, qui dégradent le temps de montée. Le couplage capacitif ne change pas.

2. en excitant une seule cellule (exemple de la voie 12 sur la figure 6.18), on étudie la diaphonie dans les cellules voisines en η (voies 8 et 16). On retrouve la forme du signal détaillée au paragraphe 6.2.3 avec les deux contributions. De manière quantitative, les amplitudes du pic inductif et de la bosse capacitive n'ont pas changé par rapport aux amplitudes obtenues quand on somme les quatre cellules excitées séparément (figure 6.19). L'origine de la diaphonie en η vient uniquement de la cellule excitée adjacente. L'effet des autres voies a une incidence négligeable.

3. on remarque que la hauteur du pic inductif n'est pas constante d'une cellule à l'autre. Cet effet provient soit de la longueur variable des pistes sur le kapton qui vont aux cellules du compartiment milieu, soit

---

4. Le rayon des câbles kapton ont un diamètre plus petit (0,203 mm au lieu de 0,560 mm).

du câblage dans les cartes mères elles-mêmes. Nous reviendrons sur ce point dans le paragraphe 6.2.4.

4. à $(\eta \pm 2)$, on observe une petite bosse positive de 2 mV, en temps avec l'effet inductif précédent. On suppose que c'est toujours la voie excitée qui est couplée à d'autres lignes au sein de la carte mère, avec un coefficient de couplage plus faible.

5. pour la diaphonie en Φ, une composante négative de -2 mV qui ne peut pas provenir du détecteur est observée. Une étude plus poussée sera faite en déconnectant la carte mère du détecteur (voir §6.2.4).

6. dans les cellules restantes de la zone étudiée, il n'y a pas d'autres effets notables.

6.2.4   Etude de la diaphonie sur les cartes mères chargées par des capacités

Chaîne d'injection standard

Pour étudier la diaphonie induite par la carte mère, on remplace le détecteur par une barrette composée de capacités discrètes connectées au niveau de la carte mère. Les valeurs de capacités choisies, 300 pF pour les cellules de l'arrière et 1 nF pour celles du milieu, reproduisent correctement les temps de montée attendus. Dans cette configuration, on est indépendant à la fois du détecteur et des cartes sommatrices. Le résultat obtenu est présenté sur la figure 6.20. L'interprétation des signaux est donnée ci-dessous :

1. avec ce dispositif, toutes les cellules excitées (1, 3, 10, 12) ont un temps de montée identique. On remarque un effet inductif réduit sur ces cellules, ce qui confirme une origine liée aux électrodes et/ou aux cartes sommatrices. La cellule étrange a également disparu, son origine venant donc bien de l'électrode.

2. le signal de diaphonie a la même forme en η et en Φ, et ne peut provenir que de la carte mère. Il existe toujours un pic inductif, un peu atténué par rapport à l'ensemble carte mère et détecteur (voir figure 6.12). En revanche, on voit toujours une variation de 50% de l'amplitude de ce pic si on compare une cellule à $(\eta - 1)$ avec une à $(\eta + 1)$ par rapport à une cellule excitée. L'hypothèse avancée précédemment de la différence de longueur de piste pour aller au compartiment milieu ne semble pas dominante. L'effet vient plutôt de la carte mère. L'explication pourrait être l'alternance entre les voies de l'arrière (A) et les voies du milieu (M) sur le connecteur. Le motif sur un connecteur en η est : M-A-M-M-A-M. On voit donc qu'au milieu du connecteur, le couplage entre les

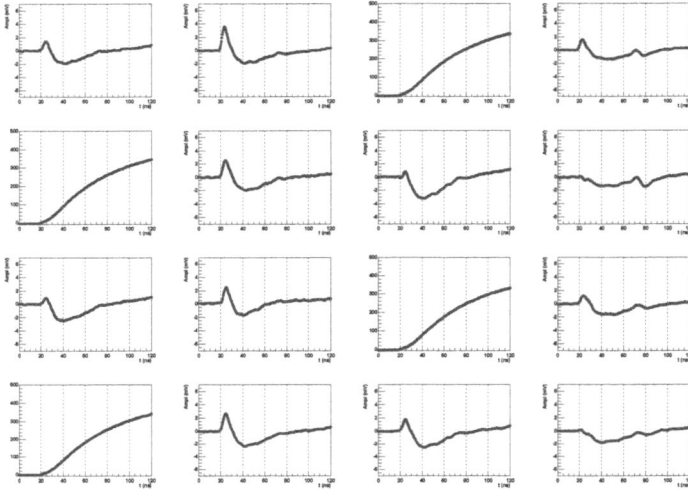

FIG. 6.20 – *Signaux et diaphonie obtenus avec la simulation du détecteur.*

voies du compartiment milieu est plus important qu'avec celles situées sur les bords. De plus, sur ce connecteur, les broches de masse sont situées aux deux extrémités. Le retour de masse pour les voies situées au milieu n'étant donc pas direct, le signal est sensible à une partie inductive.

3. le couplage capacitif n'apparaît plus, donc celui-ci est bien lié aux électrodes.

4. sur toutes les cellules non excitées, on voit un lobe négatif de -2 mV déjà observé dans la cellule 11 en excitant la voie 12 en injection directe (figure 6.18). Ce lobe négatif dû à la carte mère est toujours présent en injection normale sur le détecteur, mais il est dominé par le couplage capacitif en η.

Etude en injection directe

Une mesure a été réalisée en injection directe sur la barrette simulant le détecteur, de la même manière qu'au paragraphe 6.2.3. Cela permet de mesurer l'homogénéité des effets en η et en Φ quand on excite chaque cellule successivement.

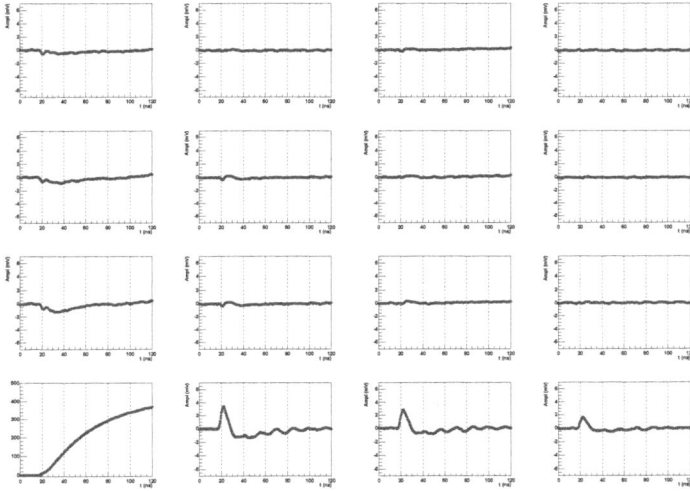

FIG. 6.21 – *Signal et diaphonie avec la voie 1 excitée en injection directe sur la simulation détecteur.*

On constate sur la figure 6.21 que l'effet inductif est inexistant en Φ, seul le lobe négatif à -2 mV subsiste à $(\Phi - 1)$ et $(\Phi + 1)$. Le pic inductif est présent à $(\eta \pm 1)$, et va en diminuant à $(\eta \pm 2),(\eta \pm 3),....$ Le couplage inductif reste donc important même pour des lignes non-adjacentes sur la carte, ce qui confirme l'observation faite au paragraphe 6.2.3 sur le détecteur en injection directe avec le détecteur connecté (par exemple, voir la cellule 4 quand on excite la voie 12 sur la figure 6.18).

La liaison carte mère - carte sommatrice doit donc être remise en cause. Sur ce connecteur, tous les signaux sont les uns à côté des autres, et les masses sont situées aux extrémités, favorisant la diaphonie.

6.2.5   Etude des câbles signaux

Etude expérimentale

Pour compléter l'étude de la chaîne de mesures du banc de tests, nous avons étudié l'influence des câbles signaux. L'idée est de suivre l'évolution du signal dans tout le système. Le créneau généré en sortie de la carte TPA monte en 2 ns. A l'arrivée sur la carte mère après 10 mètres de câbles, le temps de montée est de 5 ns. On visualise le signal à la sortie de la cellule et à la sortie du multiplexeur. Ces signaux sont présentés sur la figure 6.22, décalés de 50 ns du fait du temps de transit dans les câbles. Alors que nous attendons un signal dont le plateau se situe autour de 400 mV comme dans le cas du signal en sortie de MUX, le signal en sortie de cellule monte à plus de 500 mV, avec un temps de montée deux fois plus lent (temps de montée 10% - 90% mesuré à l'oscilloscope). En remplaçant alors l'ensemble câble 25 Ω et carte MUX terminée 25 Ω, par une résistance normalisée de 24 Ω, on observe en sortie de cellule le signal attendu : un plateau à 400 mV et un temps de montée correspondant à la capacité de la cellule excitée (voir figure 6.22).

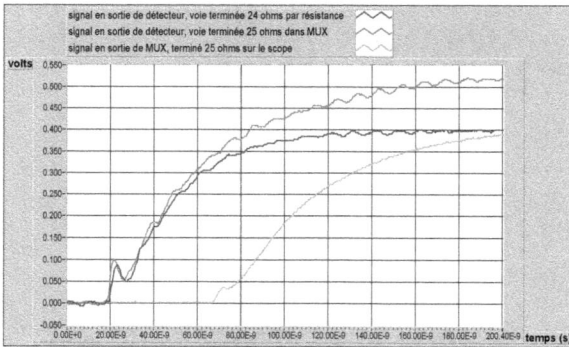

FIG. 6.22 – *Signaux obtenus sur le détecteur à la sortie d'une cellule et en bout de chaîne pour voir l'effet des câbles signaux.*

Ainsi les harnais signaux ne se comportent pas comme une ligne de transmission parfaite. Ils comportent une perte d'énergie active due à la partie résistive dans l'âme du câble. Cet effet est confirmé par la simulation (voir ci-dessous). Le signal de sortie correspond à une charge capacitive à laquelle vient se superposer l'effet résistif du câble de lecture.

Simulation

Cette simulation reprend le générateur d'impulsions TPA, avec un temps de montée de 5 ns. Le harnais signal est représenté par de petits tronçons de ligne parfaite intercalés entre des résistances (voir figure 6.23). Avec cinq

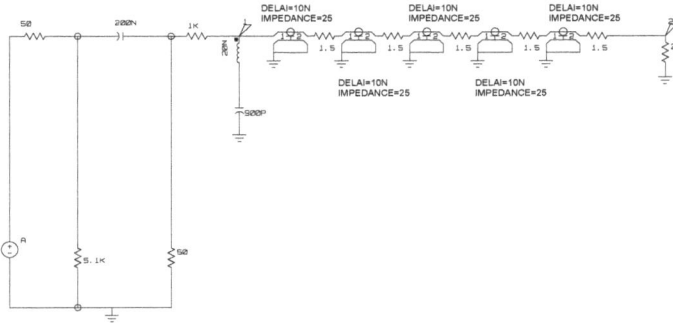

FIG. 6.23 – *Schéma équivalent simulant l'effet résistif des câbles en sortie de détecteur.*

motifs élémentaires (ligne parfaite et résistance), on arrive à reproduire l'effet observé. On retrouve les signaux au niveau de la cellule et en bout de ligne sur la figure 6.24. Le signal sans ligne de transmission est également représenté. On retrouve le signal « parfait » montant en 50 ns environ, temps caractéristique pour la charge d'une cellule de 900 pF, avec une amplitude de 400 mV. Quant au signal en bout de ligne, il subit une atténuation d'environ 5%, alors qu'au niveau du détecteur il monte à 500 mV en plus de 100 ns.

Ces résultats mettent en évidence l'effet résistif de l'âme du câble et confirment les observations précédentes. Les caractéristiques de ce câble répondent néanmoins à certains critères déterminants tels qu'un faible diamètre pour minimiser la matière morte, une grande résistance aux radiations, ou encore une absence de pollution vis-à-vis de l'argon.

6.2.6 Conclusion

Dans ce paragraphe consacré à l'étude de la diaphonie, nous avons pu dégager les différentes imperfections de notre chaîne d'acquisition. A partir d'une comparaison des mesures faites avec le dispositif du banc de tests et celles faites avec le signal d'étalonnage du faisceau test, nous avons pu mettre

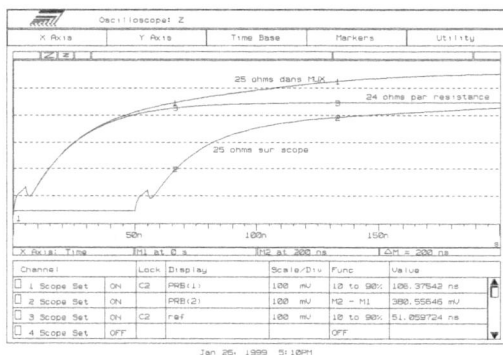

FIG. 6.24 – *Résultat de la simulation de l'effet résistif des câbles.*

en évidence l'existence d'une diaphonie au niveau de la traversée chaud - froid du cryostat. D'autre part, les problèmes de diaphonie intrinsèques aux cartes mères ont été démontrés, conduisant à d'importantes modifications sur le dessin des cartes. Un meilleur blindage des voies a été réalisé, la connexion des câbles avec la carte a été refaite pour minimiser l'induction, et la liaison carte sommatrice - carte mère a été changée (voir [35], paragraphe *Redesign of motherboards*). Enfin, la découverte des voies dites étranges peuvent être à l'origine d'un nouveau test sur les électrodes elles-mêmes, pour pouvoir détecter et corriger ces court-circuits le plus tôt possible, donc avant l'assemblage.

6.3   Conclusion du chapitre

L'ensemble de ces mesures, à travers les exemples donnés dans ce paragraphe, regroupe les symptômes que nous sommes susceptibles de rencontrer sur les futurs modules. L'avantage d'avoir travaillé avec un module incomplet contenant de plus des électrodes prototypes non-conformes au cahier des charges a permis de tester l'efficacité de notre banc de tests. Nous avons pu mettre à l'épreuve sa sensibilité aux différents problèmes rencontrés, ce qui permettra durant la construction du détecteur de faire des diagnostics précis sur le comportement des modules après analyse détaillée des signaux. La baie de tests est donc un outil efficace dans la procédure de qualification des modules.

Chapitre 7

Perspectives

Le travail présenté dans ce mémoire s'étend au-delà de la qualification des modules du calorimètre électromagnétique d'ATLAS. Toute période de recherche et développement passe par des phases de prospective qui sortent du cadre de la procédure finale de qualification. C'est notamment l'occasion de tester les limites de notre système, ou un moyen de vérifier la bonne compréhension de nos mesures. Je reprends donc ici l'ensemble des tests effectués *in fine* sur les modules de production, en incluant les perspectives de ce travail à court terme comme à long terme.

7.1 Les tests de qualification

Résumons les choix de la collaboration pour l'assemblage du calorimètre électromagnétique :

 – chaque centre de production est responsable de la qualité des éléments qu'il fournit.
 – chaque élément doit être testé et tout disfonctionnement doit être identifié et corrigé pour construire un détecteur le plus uniforme possible qui doit fonctionner 15 années dans un environnement sévère où toute réparation est impossible.
 – les éléments de base tels que les absorbeurs, les électrodes, les câbles, les cartes mères et sommatrices ont été testées et répertoriées avant assemblage et câblage.

7.1.1 Au cours du montage

Dès qu'une cellule élémentaire correspondant à un ensemble absorbeur - électrode - absorbeur est terminée, elle est testée. En fait, pour des raisons

d'organisation, ces cellules sont testées par deux ou quatre. Ces tests vérifient
les points suivants :

1. la distribution de haute tension sur toute l'électrode,

2. la tenue à la haute tension,

3. la distance entre absorbeurs.

Le test de continuité électrique garantit la distribution de la haute tension
sur toute la surface de l'électrode. Pour cela, on mesure par groupe de voies
la réponse à une sinusoïde basse fréquence.

Pour ce test, nous conservons une information de type « tout ou rien » : voie
alimentée en haute tension ou non. En cas de problème, nous vérifions si ce
diagnostic est cohérent avec le test réalisé en amont sur les électrodes.

La propreté des différents éléments vis-à-vis de la haute tension est contrôlée. Les courants de charge et de fuite de chaque électrode sont sauvegardés
durant la période de montage du module. Une électrode est acceptée pour le
montage si les courants de fuite, après stabilisation, sont inférieurs au seuil
de détection de l'alimentation.

Une fois le montage mécanique du module terminé, la haute tension est appliquée sur l'ensemble du module avant le câblage définitif. Les courants de
fuite après stabilisation sont enregistrés.

La qualité mécanique de l'assemblage est vérifiée en mesurant la capacité
par secteur, électrode après électrode, ce qui permet de contrôler la dispersion
au sein d'un module de la distance entre absorbeurs.

Une fois l'assemblage mécanique d'un module terminé, une nouvelle série de
mesures est enregistrée pour contrôler l'uniformité du module.

7.1.2   Après câblage

Les cellules du détecteur sont créées à l'aide des cartes sommatrices et
reliées au monde extérieur à l'aide des cartes mères et des câbles. D'autre
part, le câblage haute tension permet de monter la tension par secteur et pour
un ensemble de 32 faces d'électrodes consécutives. Les tests après câblage
vérifient les points suivants :

1. la réponse à un signal d'étalonnage,

2. le câblage haute tension,

3. la tenue à la haute tension.

L'ensemble de la connectique est vérifié : la réponse de chaque cellule de
détection à un signal d'étalonnage valide le câblage. A partir de ces réponses,
on mesure l'uniformité du module et la diaphonie entre cellules. Un test basse
fréquence contrôle le câblage haute tension. Le module étant placé dans une

atmosphère non contrôlée, un test de tenue à la haute tension est réalisé à une valeur inférieure à la tension utilisée lors de l'assemblage.

La dernière étape de la procédure de qualification a lieu dans un bain d'argon liquide. L'ensemble de la séquence de tests est reconduit. La réponse des cellules à un signal d'étalonnage valide chacune des voies et permet d'étudier le comportement au froid du module. La valeur de tension appliquée sur le module correspond à la valeur nominale de fonctionnement. Une mesure régulière de la pureté de l'argon met en évidence une pollution venant du module.

A ce niveau, le démontage du module s'impose à la suite d'un problème de haute tension survenu lors du test dans l'argon liquide sur une ou plusieurs électrodes. Tout autre problème est à priori lié à un défaut dans la partie câblage et peut par conséquent être réparé.

La réponse des cellules excitées par un signal d'étalonnage et la réponse des cellules voisines sont sauvegardées. Ces signaux permettent de comparer les réponses obtenues à température ambiante et à température de l'argon liquide. Ultérieurement, ils seront comparés aux signaux obtenus par le système d'étalonnage définitif.

7.2 Implications du banc de tests

7.2.1 Suivi de la production

Le banc de tests intervient à chaque étape de la construction des modules. Il est nécessaire de collecter toute l'information fournie par chaque test dans la base de données de production. Nous avons ainsi la possibilité de comparer cette information avec celle concernant les constituants des modules.

La base de données de construction offre la possibilité de comparer les modules entre eux. L'intérêt de cette base de données est d'autant plus important qu'il existe trois sites d'assemblage fonctionnant en parallèle.

Le premier module de série ira en faisceau test, et sera de fait la référence pour les autres modules. Les mesures en faisceau test seront à rapprocher de celles obtenues avec le banc de tests.

7.2.2 Contrôle du calorimètre final et devenir des données

Une version adaptée du banc de tests est envisagée pour les tests d'assemblage des deux demi-tonneaux. Il est nécessaire de contrôler l'électrode placée à l'interface entre deux modules, tant du point de vue de la haute tension que du point de vue du signal et de qualifier chaque demi-tonneau avant la fermeture définitive du cryostat. Nous souhaitons cartographier l'ensemble du détecteur et observer les variations de caractéristiques électriques par rapport aux tests précédents introduits par la réalisation de la géométrie définitive.

La liste des cellules « non-standard » que l'on souhaite aussi petite que possible sera introduite dans la base de données utilisée lors de l'analyse des données, nécessaire pour les corrections d'efficacité et d'acceptance.

Conclusion

La conception et la mise au point d'une procédure de qualification d'un détecteur nécessite une bonne compréhension des implications physiques qui sont à l'origine du cahier des charges. A chaque étape de la construction du détecteur, nous devons nous assurer de la qualité à la fois des matériaux eux-mêmes, et de leur assemblage. Concevoir un banc de tests, c'est définir des méthodes de mesure fiables, efficaces, et compatibles avec le cadre du projet. La fiabilité du dispositif est indispensable à partir du moment où la maintenance sur le détecteur est impossible. L'efficacité est inhérente à une production longue et répétitive. Il faut également tenir compte des contraintes matérielles et temporelles du projet pour ne pas interférer avec son avancée.

Dans le cadre de la construction du calorimètre électromagnétique à argon liquide du détecteur ATLAS, j'ai pu mettre en œuvre un banc de tests complet. Nous avons vu à travers ce mémoire les différentes étapes qui m'ont conduit de la définition des méthodes de mesure jusqu'à la qualification du prototype à l'échelle 1 d'un module, en passant par les phases de mise au point. J'ai pu ainsi prouver que ces tests, complémentaires de ceux réalisés en amont sur les matériaux, forment un ensemble fonctionnel et exhaustif. Pour rendre ces tests efficaces et systématiques pour tous les modules du calorimètre, j'ai cherché à les automatiser le plus possible. J'ai donc écrit tous les programmes de commande des divers appareils de mesure et des cartes d'électronique, ainsi que les programmes de relecture et d'analyse pour permettre les diagnostics. A chaque étape de la construction des modules, depuis leur assemblage jusqu'au test ultime dans un bain d'argon liquide, nous avons mis en place une structure de tests souple et adaptable.

Une perspective de ce travail est l'organisation d'une base de données collectant à la fois les informations sur les constituants des modules, et les informations sur la construction. De plus, nous devons envisager la comparaison des modules entre eux pour connaître la reproductibilité de leur construction.

162

Annexe A

La carte MUXCAPA

Cette carte assure deux fonctions distinctes : multiplexeur huit voies et générateur de signaux basse fréquence. Elle a été développée au LAPP après la réalisation des autres cartes de tests, pour obtenir plus de souplesse, d'efficacité et de fiabilité lors des tests. J'ai pu ainsi m'impliquer dans la conception et la réalisation de cette carte, avant de la mettre en œuvre au sein du banc de tests.

A.1   Le multiplexeur

Comme décrit dans le chapitre 3, la mesure de la capacité entre absorbeurs est effectuée au moyen d'un montage 4 points. Cette mesure implique de déplacer les quatre câbles pour chaque secteur, et ce pour chaque électrode. Ceci est fastidieux et source de problèmes pour la connectique avec plus de 4000 connections - déconnections au total ! La réalisation d'un multiplexeur des huit secteurs couvrant une électrode solutionne ce problème.

Le multiplexeur est implémenté sur une carte au format "banc de tests", c'est-à-dire utilisant un bus spécifique avec une mécanique VME : par l'intermédiaire d'un ordre transmis par le bus GPIB, on pilote séparément quatre registres de 8 bits (MOT0, MOT1, MOT2 ou MOT3 visibles sur la figure A.1) reliés au connecteur P1. Le MOT0 est réservé à l'adresse de la carte, tandis que le MOT2 correspond au numéro du secteur à mesurer. L'adresse et la donnée restent présentes sur les lignes du bus jusqu'à l'instruction suivante. La donnée, décodée, commande un groupe de quatre relais correspondant aux quatre câbles du secteur concerné. Le schéma complet est donné sur la figure A.1.

A.2   Le générateur basse fréquence

La fréquence utilisée durant le test de continuité électrique dépend fortement des valeurs des résistances sérigraphiées (voir paragraphe 4.1.1). On souhaitait, durant la période de mise au point des électrodes, avoir un dispositif de test très flexible pour l'adapter aux valeurs des résistances qui peuvent varier d'un lot à l'autre.

Nous avons réalisé un générateur sinusoïdal programmable couvrant une plage de 0,1 à 100 Hz par pas de 0,1 Hz. Le signal de sortie est envoyé sur l'entrée externe de la carte TBF, bénéficiant ainsi de l'étage d'amplification et de la distribution vers les voies de haute-tension. Sur un plan pratique, ce générateur a été implanté sur la même carte que le multiplexeur, donc utilise le même mot d'adresse (MOT0). Le principe est de lire à la fréquence désirée le contenu d'une mémoire programmable (type EEPROM) dans laquelle sont stockées 512 valeurs d'amplitude décrivant une période de sinusoïde. Les échantillons sont envoyés vers un convertisseur numérique - analogique 10 bits. Enfin la sinusoïde est filtrée pour éviter les perturbations liées aux fronts raides entre deux paliers. Pour piloter la fréquence de travail, on divise la fréquence d'une horloge par un compteur programmable 11 bits[1], la retenue servant alors d'horloge pour un compteur 9 bits (512 valeurs) adressant la mémoire. La fréquence d'horloge correspond au nombre d'échantillons décrivant une période de la sinusoïde multipliée par la fréquence maximale de travail, c'est-à-dire $512 \times 100 = 51,2$ kHz. La donnée, codée sur 10 bits, utilise le MOT1 en entier et 3 bits du MOT2. Le programme écrit donc successivement la donnée sur le MOT1 et sur le MOT2, cette donnée étant alors mémorisée au niveau de la carte grâce au mot d'adresse. Le schéma est donné sur la figure A.2.

---

1. La plage de fréquence souhaitée est de 1000, c'est-à-dire 10 bits, mais 11 bits sont nécessaires pour le fonctionnement du compteur : la fréquence est au minimum divisée par deux au niveau de la retenue, d'où la nécessité d'un bit supplémentaire.

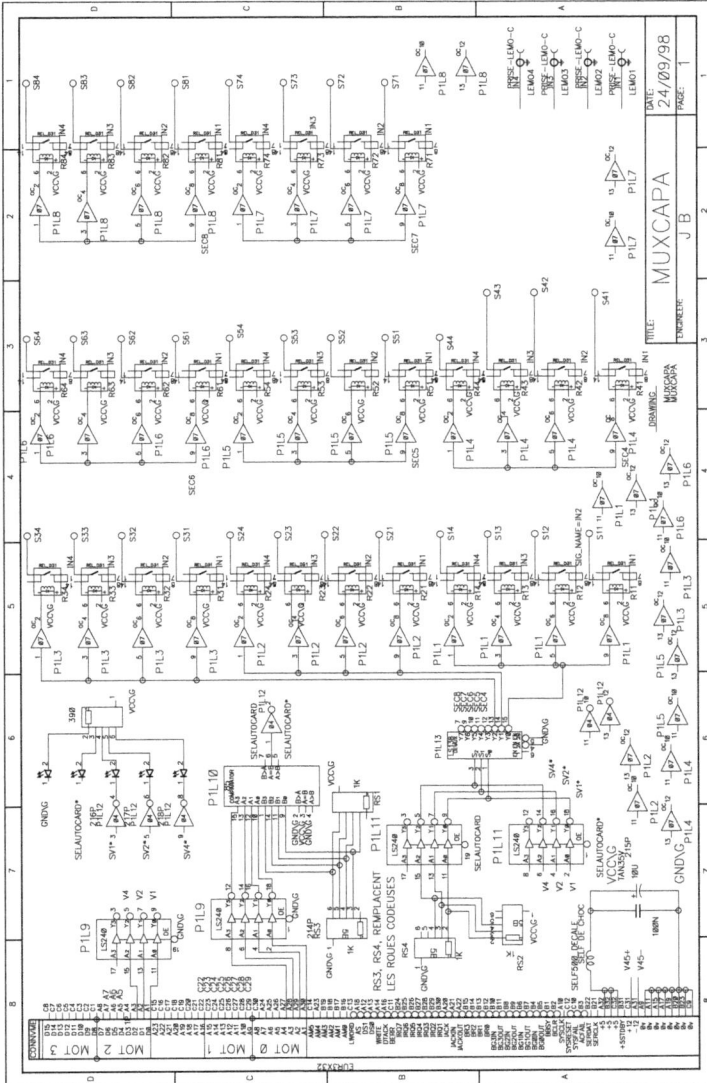

FIG. A.1 – *Schéma du multiplexeur 4 points.*

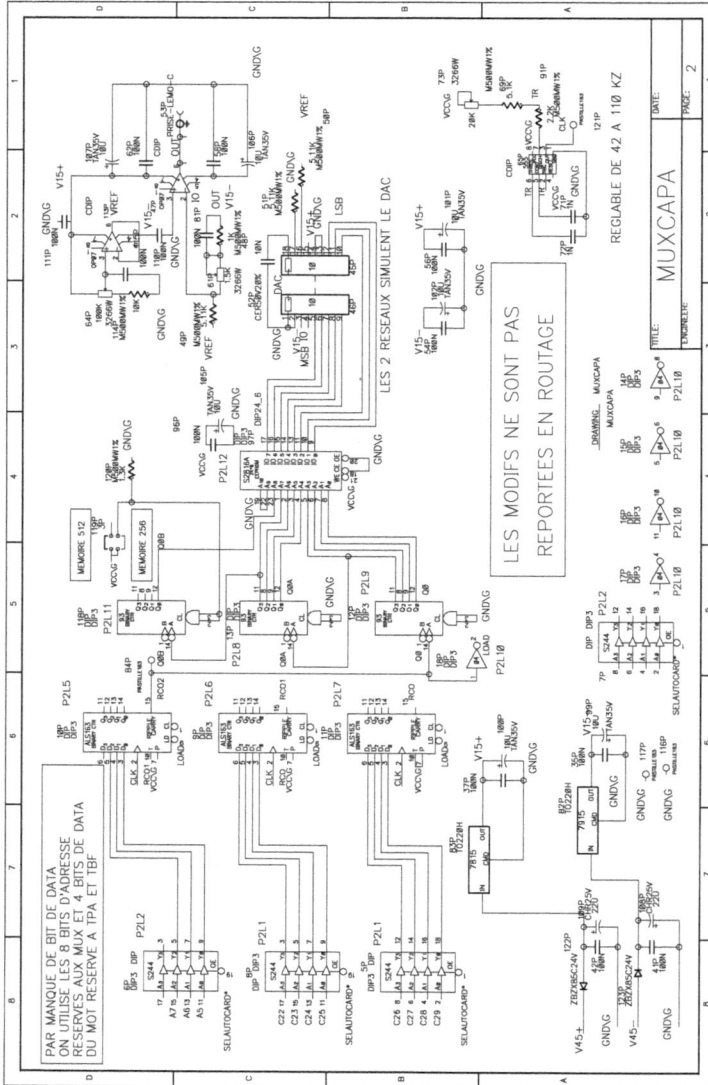

FIG. A.2 – *Schéma du générateur à fréquence variable.*

Annexe B

Calculs sur la distance entre absorbeurs

B.1   Déplacement d'une électrode

Pour interpréter la mesure de la distance entre deux absorbeurs, nous souhaitons connaître l'effet d'un déplacement réel d'une électrode sur l'épaisseur déduite de la mesure de capacité. Le principe est présenté sur la figure B.1.

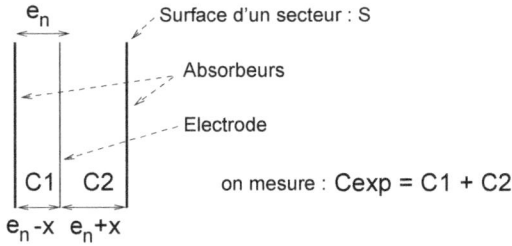

FIG. B.1 – *Décalage d'une électrode d'une quantité x par rapport à sa position nominale. e_n représente la distance électrode - absorbeur théorique.*

La capacité effectivement mesurée est donnée par :

$$C_{exp} = \frac{\varepsilon_0 S}{e_n - x} + \frac{\varepsilon_0 S}{e_n + x} \qquad (B.1)$$

Un développement limité au second ordre donne :

$$C_{exp} = \frac{2\varepsilon_0 S}{e_n} + \frac{2\varepsilon_0 S x^2}{e_n^{\,3}} \qquad (B.2)$$

On en déduit la distance absorbeur - absorbeur ($e_{th} = 2e_n$) :

$$e_{exp} = \frac{4\varepsilon_0 S}{C_{exp}} = \frac{2e_n}{1 + \frac{x^2}{e_n^2}} \tag{B.3}$$

Un déplacement de l'électrode d'une quantité x correspond donc à une différence sur l'épaisseur mesurée donnée par :

$$e_{th} - e_{exp} \simeq 2e_n - 2e_n \left(1 - \frac{x^2}{e_n^2}\right) = 2\frac{x^2}{e_n} \tag{B.4}$$

B.2   Variation de distance entre absorbeurs

Le calcul présenté ici montre l'effet d'une variation de l'intervalle d entre deux absorbeurs sur le signal. Le courant dans le calorimètre est donné par la formule 2.1, l'énergie déposée dans une cellule dépendant de $I(0)$. Le potentiel sur les électrodes étant fixé, une variation de distance d induit une variation du champ électrique, donc de la vitesse de dérive des électrons d'ionisation. En effet, cette vitesse de dérive est non saturée. Expérimentalement [40], on observe que cette vitesse varie comme le champ électrique E à la puissance $1/3$. On a :

$$v_d' = v_d(1 + c\Delta E/E) = v_d(1 - c\Delta d/d) \quad \text{avec } v_d = d/t_d \text{ et } c \sim 1/3$$

Le temps de dérive est alors affecté par cette variation d'intervalle, ainsi que la charge totale Q collectée dans la cellule. On a :

$$Q = \int_0^{t_d} I(t)dt = I_0 \int_0^{t_d} \left(1 - \frac{t}{t_d}\right) dt = \frac{I_0 t_d}{2}$$

Le nouveau courant se met sous la forme :

$$I'(t) = I'(0) \left(1 - \frac{t}{t_d'}\right) \quad \text{avec } I'(0) = \frac{2Q' v_d'}{d'}$$

$$I'(0) = \frac{2Q(1 + \Delta d/d)v_d(1 - c\Delta d/d)}{d + \Delta d} = \frac{2Q v_d}{d} \left(1 - c\frac{\Delta d}{d}\right)$$

D'où :

$$\frac{\Delta I(0)}{I(0)} = -c\frac{\Delta d}{d} \tag{B.5}$$

Une gerbe électromagnétique se développant dans plusieurs absorbeurs (N_{abs}) en Φ, l'effet d'une variation de l'intervalle d est moyenné et correspond à une fluctuation sur le signal donnée par :

$$\frac{c}{\sqrt{N_{abs}}} \frac{\Delta d}{d} \tag{B.6}$$

D'après le tableau 2.2, la dispersion sur l'écartement entre deux absorbeurs contribue au terme constant à hauteur de 0,15%. N_{abs} est évalué analytiquement pour un profil de gerbe gaussien, dans la note [42]. Le nombre effectif de plaques vaut 5,67. D'après B.6, on obtient $\Delta d \sim 45 \mu$m. C'est pourquoi on tolère une dispersion de 50 microns sur l'intervalle entre deux absorbeurs.

Bibliographie

[1] The American Physical Society. *Particles and fields*. Physical Review D, juillet 1996.

[2] F.J. Hasert et al. *Expérience Gargamelle*. Phys. Lett. **B 46** (1973) 138.

[3] G. Arnison et al. *Expérience UA1*. Phys. Lett. **B 122** (1983) 103 ; Phys. Lett. **B 129** (1983) 389.

[4] M. Banner et al. *Expérience UA2*. Phys. Lett. **B 122** (1983) 476 ; Phys. Lett. **B 129** (1983) 130.

[5] Gerard't Hooft. *Les théories de jauge et les particules élémentaires*. Pour la science, juillet 1998.

[6] G. Eynard. *Etude de la production associée du boson de Higgs avec le détecteur ATLAS auprès du LHC*. Thèse LAPP -T- 98/02, mai 1998.

[7] P. McNamara *LEP Higgs Working Group Status Report*. LEPC meeting, 7 septembre 1999.

[8] J.F. Gunion, A. Stange, S. Willenbrock. *Weakly coupled Higgs Bosons*. hep-ph/9602238.

[9] The LHC study group. *The LHC Conceptual Design Report*. CERN/AC/95-05(LHC).

[10] The ATLAS collaboration. *ATLAS Inner Detector TDR vol. 1*. CERN/LHCC/97-16, 30 April 97.

[11] The ATLAS collaboration. *ATLAS Inner Detector TDR vol. 2*. CERN/LHCC/97-17, 30 April 97.

[12] The ATLAS collaboration. *ATLAS Central Solenoid TDR*. CERN/LHCC/97-21, 30 April 97.

[13] The ATLAS collaboration. *ATLAS Liquid Argon Calorimeter TDR*. CERN/LHCC/96-41, 15 December 96.

[14] The ATLAS collaboration. *ATLAS Tile Calorimeter TDR*. CERN/LHCC/96-42, 15 December 96.

[15] The ATLAS collaboration. *ATLAS Barrel Toroid TDR*. CERN/LHCC/97-19, 30 April 97.

[16] The ATLAS collaboration. *ATLAS End-Cap Toroid TDR*. CERN/LHCC/97-20, 30 April 97.

[17] The ATLAS collaboration. *ATLAS Muon Spectrometer TDR*. CERN/LHCC/97-22, 31 May 97.

[18] The ATLAS collaboration. *ATLAS Technical Proposal*. CERN/LHCC/94-43, 15 December 1994.

[19] RD3 collaboration *Performance of a liquid argon electromagnetic calorimeter with an "accordion" geometry*. Nucl. Instrum. Methods A309, p438-449, 1991.

[20] The ATLAS collaboration. *ATLAS Calorimeter Performance TDR*. CERN/LHCC/96-40, 15 December 1996.

[21] B. Aubert et al. *Performance of a liquid argon electromagnetic calorimeter with a cylindrical accordion geometry*. Nucl. Instrum. Methods A325, p124 table 1, 1993.

[22] J. Boniface. *Banc de test des modules du calorimètre électromagnétique ATLAS - TBF*.

[23] J. Boniface. *Banc de test des modules du calorimètre électromagnétique ATLAS - TPA*.

[24] F. Molinié. *Dossier de fabrication des cartes multiplexeur pour le test des modules*. SIG-ATLAS-FM-085/97.

[25] M. Jevaud. *Documentation de la carte d'interface GPIB*. 12 juin 1997.

[26] G. Bastide et JR. Vellas. *Mise en œuvre du BUS IEEE 488*. Editions Editests, 1984, ISBN 2-86699-000-5.

[27] National Instruments Corporation. *Manuel de l'utilisateur LabVIEW*. 321190A-01, janvier 1996.

[28] W. Bonivento. *Impact of resistor quality of the readout electrodes on e.m. calorimeter performance*. Note interne ATLAS, ATL-LARG-97-081, 18-09-97.

[29] LeCroy Research Systems. *High voltage module 1469*. Operator's manual, mai 1996.

[30] N. Massol. *Interface pour commander le module haute-tension 1469P de Lecroy sous Labview*. Note interne, 5 mars 1997.

[31] Hewlett Packard. *LCRmètre HP 4284A, manuel d'utilisation*. HP 04284-93000, mai 1991.

[32] RD3 collaboration *Test beam results of a stereo preshower integrated in the liquid argon accordion calorimeter*. Nucl. Instrum. Methods A411, p313-329, 1998.

[33] DuPont. *Electrical Properties of Kapton*. Site Internet : http://www.dupont.com, Table 3.

[34] R.L Chase et al. *A fast monolithic shaper for the ATLAS E.M. calorimeter.* Note interne ATLAS, ATL-LARG-95-010, 20-02-95.

[35] J. Colas, R. Lafaye, N. Massol, P. Pralavorio, D. Sauvage, C. de La Taille, L. Serin. *Crosstalk in the ATLAS Electromagnetic Calorimeter.* Note interne ATLAS, ATL-LARG-2000-004, 21-02-2000.

[36] J. Colas et al. *Cabling of EM calorimeters.* Note ATLAS, ATL-AL-ES-0004, mai 99.

[37] D. Lacour. *Description and performances of the electrical test benches for readout electrodes of the ATLAS EM calorimeter.* Note interne ATLAS, ATL-LARG-99-005, 22-03-99.

[38] F. Rossel. *communication privée.*

[39] The ATLAS collaboration. *ATLAS Detector and Physics Performance TDR.* CERN/LHCC/99-14/15, 30 April 1999.

[40] V. Radeka. *Speed and noise limits in ionization chamber calorimeter.* NIM A-265, p228 (1988).

[41] Ph. Schwemling. *Lead matching and consequences on the EM module 0 constant term.* Note interne ATLAS, ATL-LARG-99-014, 22-09-99.

[42] B. Mansoulié. *Non-uniformity of lead plates and gaps : analytical estimates of the shower averaging effect.* Note interne ATLAS, ATL-LARG-98-099, 07-05-98.

[43] J. Colas, M. El Kacimi, N. Massol, P. Perrodo *Channels of the EMB1999 module.* Note interne, 23-07-99.

[44] P. Perrodo et al. *Cable specifications for the EMB module 0.* Note interne, 04-08-98.

[45] Robert C. WEAST *Handbook of Chemistry and Physics.*

[46] Réunion de collaboration.
Site Internet : http://atlasinfo.cern.ch/Atlas/GROUPS/LIQARGON/MINUTES/1999/kapt-180399.txt

[47] Mesures venant des laboratoires impliqués : LAL, CPPM, BNL.